航天科技图书出版基金资助出版

航天器对接与捕获机构

王文龙　庄　原　张晓天　杨　飞　著

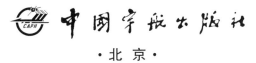

中国宇航出版社

·北京·

图书在版编目（CIP）数据

航天器对接与捕获结构 / 王文龙等著 . -- 北京：
中国宇航出版社，2022.3
ISBN 978 - 7 - 5159 - 2043 - 6

Ⅰ.①航… Ⅱ.①王… Ⅲ.①航天器对接—研究
Ⅳ.①V526

中国版本图书馆 CIP 数据核字(2022)第 049717 号

责任编辑　彭晨光　　　封面设计　宇星文化

出　版
发　行　**中国宇航出版社**

社　址　北京市阜成路 8 号　邮　编　100830
　　　　　(010)68768548
网　址　www.caphbook.com
经　销　新华书店
发行部　(010)68767386　　(010)68371900
　　　　　(010)68767382　　(010)88100613 (传真)
零售店　读者服务部　　　(010)68371105
承　印　天津画中画印刷有限公司

版　次　2022 年 3 月第 1 版
　　　　　2022 年 3 月第 1 次印刷
规　格　787×1092
开　本　1/16
印　张　12.5
字　数　304 千字　　彩　插　4
书　号　ISBN 978 - 7 - 5159 - 2043 - 6
定　价　68.00 元

本书如有印装质量问题，可与发行部联系调换

航天科技图书出版基金简介

航天科技图书出版基金是由中国航天科技集团公司于 2007 年设立的，旨在鼓励航天科技人员著书立说，不断积累和传承航天科技知识，为航天事业提供知识储备和技术支持，繁荣航天科技图书出版工作，促进航天事业又好又快地发展。基金资助项目由航天科技图书出版基金评审委员会审定，由中国宇航出版社出版。

申请出版基金资助的项目包括航天基础理论著作，航天工程技术著作，航天科技工具书，航天型号管理经验与管理思想集萃，世界航天各学科前沿技术发展译著以及有代表性的科研生产、经营管理译著，向社会公众普及航天知识、宣传航天文化的优秀读物等。出版基金每年评审 1～2 次，资助 20～30 项。

欢迎广大作者积极申请航天科技图书出版基金。可以登录中国航天科技国际交流中心网站，点击"通知公告"专栏查询详情并下载基金申请表；也可以通过电话、信函索取申报指南和基金申请表。

网址：http://www.ccastic.spacechina.com

电话：（010）68767205，68768904

序

从神舟八号载人飞船与天宫一号目标飞行器的在轨对接，到神舟十二号、天舟二号与天和核心舱的组合体在轨成功飞行，我国空间交会对接技术研究取得了举世瞩目的辉煌成就，走出了一条具有中国特色的自主创新发展之路。空间交会对接技术是指两航天器于同一时间在同一轨道的同一位置以相同的速度会合，并在结构上连成一个整体的技术，是开展空间站等大型空间设施建设以及在轨维修与服务的基本技术，也是实施载人登月、深空探测的关键支撑技术。

面向合作目标的航天器对接技术研究融入了我国航天人的心血与智慧，摸索出了一套行之有效的工程研制方法和流程，培养造就了一支高水平、高素质的研制队伍。随着我国后续月球科研基地建设、小行星探测、载人登月等航天重大工程的立项与实施，面向非合作目标的航天器捕获技术成为研究热点和亟需开展研究的核心技术。

"航天器对接与捕获技术"是空间交会对接技术的广义延伸，是实现航天器在轨连接、控制与分离，建立组合体间人员或资源交互的技术。"对接"面向合作目标，"捕获"面向非合作目标。航天器对接与捕获技术涉及机械工程、力学、材料、自动控制等多个学科，以及空间机构、智能传感、空间润滑、缓冲减振、运动与动力学仿真等多项技术，属于典型的多学科、多技术交叉融合领域，具有较大的技术难度和挑战性。

该书在概述航天器对接与捕获技术研究背景、发展历程的基础上，全面介绍了航天器对接与捕获机构的设计、分析、验证等方面的研究内容、研究方法，并结合研究方法给出了典型设计实例，设计实例各有侧重，便于读者对所述研究方法有更深入的理解。

该书内容丰富、系统完整、逻辑性强，既对已有航天器对接与捕获机构技术成果进行了很好的总结，又针对未来的需求提出了技术发展方向，具有很强的工程实用性。该书的出版将为我国载人航天、深空探测以及未来在轨服务的发展提供有力的技术支撑。

　　我国航天事业的发展，离不开各相关专业技术的支撑。在充分总结已有工程实践经验及研究成果的基础上，编著类似具有系统性、前瞻性、基础性和实用性的航天专业著作，对我国航天人才的培养及航天技术的发展具有重大的促进作用。

中 国 工 程 院 院 士
中国载人航天工程总设计师

前　言

探索广袤无垠的宇宙空间，一直是人类孜孜不倦的追求。科学技术发展的革新、人文宇宙观念的转变、社会运行模式的演进，为航天领域带来无尽的气息与活力，为航天技术的进步与发展铺陈出崭新的机遇与挑战。

需求牵引技术创新，创新促进技术发展。日常生活中的搬家，由于路太远，于是有了货车运输；一次搬不完，于是有了打包分批运输；货车没油了，于是有了加油站；运输中家具碰坏了，于是有了上门维修。

航天技术的发展就像搬家，航天器要入轨，于是有了运载火箭；航天器太大火箭装不下，于是有了多次发射并在轨组装；航天器推进剂用完了，于是有了太空"加油"站和在轨加注；航天器在轨出现故障了，于是有了在轨维修与服务。

日常生活中的搬家，串起一系列活动的是人；航天器在轨活动，离不开对接与捕获机构。无论是交会对接、在轨组装、在轨重构，还是在轨维修、在轨更换、在轨加注，都需要对接与捕获机构来完成多器、多舱段的在轨捕获、组合、分离，而对接与捕获机构即是实现上述任务的执行系统。对接与捕获机构是对接机构与捕获机构的统称，两者面向对象不同，前者面向合作目标，后者面向非合作目标。

航天器对接与捕获技术是实现航天器之间在轨连接、控制与分离，建立组合体间人员或资源交互的技术。

本书力求总结航天器对接与捕获技术已取得的丰硕成果，传承设计方法和经验，供本领域技术人员在新产品研发过程中借鉴和参考。

本书共分为 6 章。第 1 章绪论，综述了航天器对接与捕获技术的研究背景、技术内涵、发展历程等内容；第 2 章、第 3 章、第 4 章分别为对接与捕获机构设计、对接与捕获机构分析、对接与捕获机构验证，涵盖了对接与捕获机构研制的全部内容；第 5 章对接与捕获机构实例，结合具体实例对第 2～4 章讲述的方法做进一步阐述；第 6 章对接与捕获技术展望，对本领域的发展趋势、应用前景、关键技术进行了探讨。

本书是作者及其团队多年研究的实践成果，由参与我国载人航天、深空探测、在轨服务等重大工程型号的中国空间技术研究院一线设计师以及北京航空航天大学、哈尔滨工业大学的科研人员共同撰写。全书由王文龙拟定大纲、统稿；第 1 章由王文龙撰写；第 2

由王文龙、庄原撰写；第 3 章由杨飞撰写；第 4 章由王文龙撰写；第 5 章由王文龙、张晓天撰写；第 6 章由王文龙、庄原撰写。

本书在编写过程中得到了北京空间飞行器总体设计部的杨建中研究员、北京航空航天大学蔡国飙教授、哈尔滨工业大学刘荣强教授的指导和帮助，在此向上述专家致以诚挚的谢意。感谢北京科技大学孔宁副教授审阅了本书，并提出了许多宝贵意见。

特别感谢周建平院士在百忙之中为本书作序，并给出了较多修改、完善意见以及较高评价。

本书可供从事航天器设计的工程技术人员参考，也可作为高等院校航天器设计及相关专业研究生和高年级本科生的辅助教材。希望本书的出版对于推动我国航天器对接与捕获技术的研究与应用发挥积极作用。

由于该技术涉及多个领域的相关知识，限于作者知识和经验局限性，书中难免存在疏漏与不足之处，欢迎广大读者指正。

王文龙

2021 年 12 月

于北京航天城

目　录

第 1 章 绪 论

星空始终是人类仰望和向往的地方。

14 世纪，明朝"万户"捆绑 47 支火箭，成为第一个尝试飞天的地球人。

16 世纪，波兰天文学家哥白尼在《天体运行论》中提出："地球不是宇宙的中心，地球和其他行星一样，都是绕着太阳运动……。"

自从人类认识到"地球不是宇宙之心，只是人类诞生的起点和摇篮"之后，人类探索宇宙的脚步就未曾停歇。

1.1 研究背景

从 1966 年美国第一次成功实现空间对接以来，空间对接与捕获技术作为航天技术的一个重要发展方向，得到了快速发展。空间对接最早用于载人飞行，通过机构对接，航天员可以从一个航天器转移到另一个航天器。例如，苏联航天员利用飞船与空间站对接进入空间站，美国航天员在登月飞行中利用登月舱与阿波罗飞船对接进入飞船等。后来，随着空间技术的不断发展和应用需求的不断提高，空间对接技术的应用领域也得到了扩展。对于需要多个航天器参与的任务，如大型航天器的在轨组装、空间站的在轨补给、航天员的在轨轮换、航天器的在轨维修、失效航天器的在轨清理、探月航天器的月轨对接等，空间对接与捕获已成为其中一项关键操作技术。

1.1.1 运载局限性催生对接技术

早期的航天器，无论是侦察卫星、导航卫星、通信卫星、遥感卫星，还是深空探测器，大多作为一个整体由运载火箭发射送入轨道，其外形、重量在设计过程中往往受运载火箭发射能力和运载火箭整流罩尺寸的制约。随着航天器任务功能的不断扩展，运载火箭的制约性越来越凸显，20 世纪中期，美苏争霸将政治、经济的竞争延伸至载人登月任务，将人类探索宇宙的进程推向新的高度。若想完成载人登月并成功返回的任务，根据当时火箭的运载能力，设计师提出了多次发射在轨对接的解决方案，由此诞生了空间交会对接的概念、技术及产品。

空间交会对接分为空间交会和空间对接两个阶段。空间交会是指两个或两个以上的航天器在轨道上按预定位置和时间相会，即追踪航天器在地面引导和自主引导下，机动到目标轨道，并在一定位置精度范围内接近目标航天器；空间对接是追踪航天器在空间交会完成的前提下，靠近目标航天器并与目标航天器实现机械连接固定，最终与目标航天器组合形成新的复合航天器。空间交会对接技术涉及至少两个航天器的 12 个自由度（Degree of

Freedom，DOF）的动力学与控制问题，且自由度之间存在较强的动力学耦合和非线性问题，因此具有较大的技术难度。

1966 年，美国双子星座 8 号飞船与阿金纳上面级实现了世界上首次在轨对接任务（图 1-1），为美国的阿波罗载人登月计划完成了技术储备；1969 年，苏联的联盟 4 号飞船与联盟 5 号飞船实现了有人在轨对接任务，其杆锥式对接机构如图 1-2 所示。至此，美苏成为首批掌握空间对接技术的国家。之后美苏包括欧盟相关国家不断完善该技术，研制了一系列对接机构产品，并依此建立了国际空间站（International Space Station，ISS），一直运行至今。

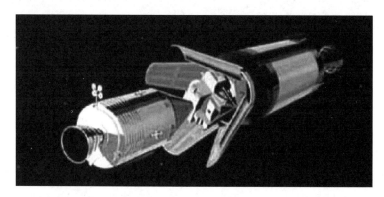

图 1-1　美国双子星座 8 号飞船与阿金纳上面级对接图

图 1-2　联盟号飞船的杆锥式对接机构

1.1.2　在轨服务促进对接技术发展

由于在轨维修难度大，故要求航天器上各设备具有高可靠性；由于发射费用高，故要求航天器的服役寿命长，所以贯彻航天器整个研制过程的两个关键词就是"高可靠""长寿命"。为了满足高可靠与长寿命的要求，航天器尽可能采用成熟技术及成熟产品。但由于设计、制造等自身因素以及空间环境的影响，航天器在轨运行期间无法避免所有故障。

即使无故障工作，对于 15 年的长寿命航天器，随着时间推移，航天器上的电子类仪器设备也会陈旧落后而性能下降，为了解决上述问题，在轨服务成了有效手段。

在轨服务目前没有统一的定义。1986 年美国国家航空航天局（National Aeronautics and Space Administration，NASA）曾资助洛克希德导弹与航天公司（Lockheed Missiles and Space Company）开展研究，在其《在轨服务技术研究报告》中首次提出航天器在轨服务（On - Orbit Servicing，OOS）技术是指在空间通过航天员、机器人或两者协同完成涉及延长各类航天器寿命、提升执行任务能力的一类空间操作。随着航天技术的发展和航天任务的多样化，在轨服务的定义越来越广泛，比较典型的任务包括在轨组装与重构、高价值航天器模块升级、高轨航天器延寿等。

随着空间技术的不断发展和应用需求的不断提高，面向航天器的在轨组装、在轨维修、在轨更换、在轨加注等任务的新型无人自主对接机构迎来蓬勃发展，如美国轨道快车、中国嫦娥五号上应用的对接机构都属于无人自主对接机构，且成功获得了在轨飞行验证。

1.1.2.1 在轨组装

在轨组装（Space Assembly and Maintenance，SAM）是指在空间中将不同的部件连接起来构建成一个机构、子系统等空间设施的过程，它包括空间航天器、空间系统或空间结构的在轨连接、构建或组装，小到如电池阵、天线的安装与展开，大到大型独立舱段的在轨对接，以及更大规模的千米级空间机构的构建。

国际空间站（International Space Station，ISS）是目前在轨运行最大的空间设施（图 1 - 3），自 1993 年开始建设，目前总重 370 t，长 109 m，宽 51 m，其总体设计采用桁架与舱段式混合的结构模式，主体结构由航天飞机携带入轨，后续的扩展舱段由运载火箭发射入轨。截至目前，粗略统计，国际空间站已有 100 多次有人/无人交会对接，是在轨组装与构建最典型的例子。

图 1 - 3 国际空间站

1.1.2.2　在轨维修

哈勃太空望远镜（Hubble Space Telescope，HTS），长 13.3 m，直径 4.3 m，重 11.6 t，由航天飞机送入轨道。自 1990 年哈勃太空望远镜升空以来，经历了 1993 年、1997 年、1999 年、2002 年和 2009 年的 5 次维修（图 1-4）。每次除维修相应部件外，还增加了新设备，使哈勃望远镜的功能有所拓展、性能有所提高，从而不断增强其探测能力。

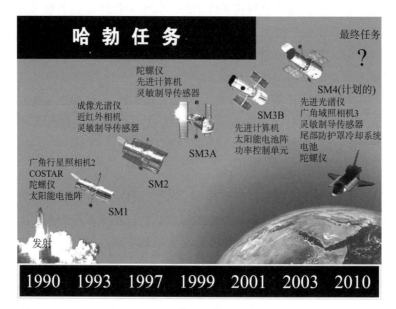

图 1-4　哈勃太空望远镜 5 次在轨维修任务

COSTAR—空间望远镜轴向替换（像差）修正镜

1.1.2.3　在轨更换

在轨更换是指对服役中的航天器故障单机或关键部组件进行替换，被替换的故障单机或关键部组件统称为在轨替换单元（On-Orbit Replacement Unit，ORU）设备，通过更换 ORU 使故障航天器恢复正常或提升性能。

日本于 1997 年 11 月 28 日发射了工程试验卫星-7（Engineering Test Satellite Ⅶ，ETS-Ⅶ）的双星系统，完成了自主空间交会对接飞行试验，如图 1-5 所示。1999 年，美国国防部高级研究计划局（Defense Advanced Research Projects Agency，DARPA）提出轨道快车（Orbit Express）计划，并于 2007 年 3 月 8 日发射成功，在轨验证了自主交会、捕获与对接，以及航天器对航天器输送推进剂和替换航天器上设备，轨道快车任务执行示意图如图 1-6 所示。

1.1.2.4　在轨加注

在轨加注也称"太空加油"，用于在空间轨道上为卫星、空间站等航天器进行气、液补给，延长航天器的工作寿命。

图 1-5　日本 ETS-Ⅶ任务

图 1-6　美国轨道快车任务

2016 年，中国神舟八号飞船与天宫一号目标飞行器对接成功后（图 1-7），中国空间交会对接技术一跃成为世界第三，该对接机构采用了内翻型异体同构的周边式构型。该方案的优点是：在承受冲击、振动抑制和阻尼、刚性方面性能优越，对控制系统要求低；缺点是增加了机构整体复杂性、质量较大。

2017 年，天舟一号货运飞船为天宫二号空间实验室完成在轨加注推进剂（图 1-8），标志着中国成为世界上第三个掌握在轨加注技术的国家。天宫二号空间实验室在设计上配置了可多次加注的推进剂金属膜式贮箱，并在对接机构上设计了电、气、液接口。当完成对接并建立液路连接后，由压气机将金属膜贮箱内的低压气体压缩为高压气体充入高压气瓶内，使贮箱压强降低至补加需要的压强值，再打开自锁阀对推进剂加注管路充填，实现推进剂从天舟一号货运飞船向天宫二号空间实验室的贮箱加注。

图 1-7　神舟八号飞船与天宫一号目标飞行器对接

图 1-8　天舟一号货运飞船为天宫二号空间实验室在轨加注

1.1.2.5　在轨重构

在轨重构指两个处于分离状态的航天器通过建立刚性连接组成一个整体，或通过改变航天器自身不同舱段间的位置关系实现不同的功能，它不同于航天器入轨后某些功能部件的展开（如航天器入轨后展开大型天线或太阳翼），其典型的标志是需要通过对接与捕获机构实现，且这种重构是可逆的。如嫦娥五号探测器的上升器、着陆器、返回器、轨道器作为一个组合体（图 1-9）到达月球轨道后，轨道器与返回器的组合体（轨返组合体）留在轨道上，仅着陆器与上升器的组合体落月，月面采样任务完成后，上升器独自从月面起飞进入月球轨道，与轨返组合体进行对接，该过程称为在轨重构。

2020 年 12 月 6 日，嫦娥五号上升器与轨返组合体完成了中国首次月球轨道无人自主对接任务，执行该任务的对接机构是一种抱爪式对接机构，如图 1-10 所示。

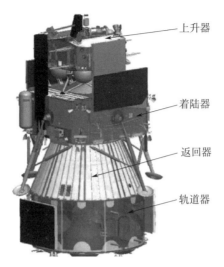

图 1-9 嫦娥五号探测器组成

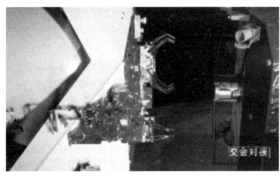 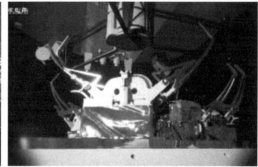

图 1-10 嫦娥五号上升器与轨返组合体的月轨交会对接

1.1.3 太空垃圾清理推动捕获技术发展

自人类 1957 年发射第一颗人造地球卫星以来，人类遗留在太空的"痕迹"越来越明显，这些遗留物统称空间碎片（Space Debris）。空间碎片作为广义概念，包括退役不受控制的航天器、空间活动抛弃的残骸与碎片以及空间爆炸或撞击产生的碎片。这些碎片尺度从几厘米至几十米，严重影响了正常的空间活动。空间碎片问题的严重性和迫切性已受到各航天国家、组织机构的高度重视。如美国 2019 年成立的太空军就直接鼓励民间资本，如果有公司能清除轨道碎片，美国太空军将按吨支付费用。

截至目前，人类的航天活动一共产生了 4 万多个可编目的空间碎片（俗称大碎片），其中有 2 万多个已经陨落。2000 年以前，可编目空间碎片数量大体以每年 250 个左右的速度递增，并在 2000 年时突破 1 万个，之后有明显加速趋势。地球轨道空间碎片空间分布示意图如图 1-11 所示。

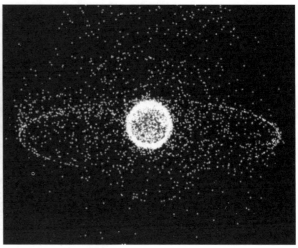

图 1-11　地球轨道空间碎片空间分布示意图

当前各国一致倾向于"捕获＋离轨"式清除方案，其关键技术之一是非合作目标捕获技术。对于太空垃圾的清理，从抓捕手段、抓捕机构方面看，主要措施包括机械臂捕获、吸附式捕获（如纳米吸附、静电吸附、电磁吸附等）、专用机构特殊部位捕获（如抓捕废弃航天器的太阳翼根部或喷管喉部）、包覆式飞网捕获等。

1.1.3.1　机械臂捕获

机械臂技术是在轨应用最多的刚性捕获技术，也是最早投入实际航天工程应用的技术，中国运载火箭技术研究院研制的遨龙一号机械臂于 2016 年 6 月随遨龙一号航天器完成在轨试验，其六自由度的机械臂开展了空间碎片捕获及非合作目标探测与抓捕试验。遨龙一号机械臂工作过程如图 1-12 所示。

2016 年，美国国防部高级研究计划局启动了静止轨道卫星机器人（机械臂）服务（Robotic Servicing of Geostationary Satellites，RSGS）项目，旨在提升地球同步轨道上的机械臂的操作能力，可以延长航天器寿命，提高美国现有空间基础设施的可靠性。

RSGS 带有 2 m 长的双机械臂和灵巧末端执行器，能够在轨精细操作，计划实现的服务任务包括（图 1-13）：

1）检查：合作式诊断、检查功能异常的地球同步轨道（Geostationary Earth Orbit，GEO）航天器。

2）维修：太阳电池阵、天线展开故障等机械异常修正。

3）延寿：协助轨道变化机动，包括转移目标航天器至新的工作位置或任务后处理轨道、辅助性能差的推进系统、延长航天器寿命等。

4）升级：为合作运行的航天器安装升级包，提供新功能。

RSGS 项目已于 2018 年完成有效载荷初始设计评审，计划 2023 年前开展在轨试验。

美国凤凰计划中利用机械臂捕获废弃 GEO 航天器，属于典型非合作目标捕获任务。从凤凰计划公布视频看，采用（Front end Robotic Enabling Near - term Demonstration，

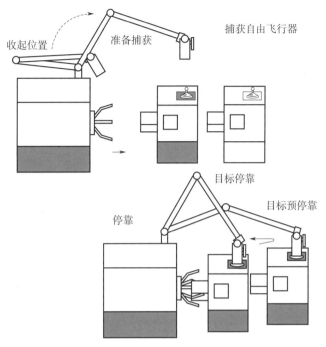

图 1-12　遨龙一号机械臂工作过程

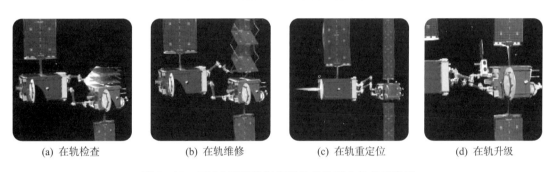

(a) 在轨检查　　　　　(b) 在轨维修　　　　　(c) 在轨重定位　　　　　(d) 在轨升级

图 1-13　RSGS 项目计划实现的在轨服务任务示意图

FREND）机械臂抓捕废弃航天器的对接环，该机械臂长 2 m，质量为 78 kg，可在肩-肘-腕关节的支持下实现机械臂末端工具的 7 自由度运动。其机械臂末端安装有夹具、螺栓孔钳，以及精确操作模块等工具（图 1-14），支持其执行抓捕目标航天器的载荷输送系统、剪切天线、安装细胞星等操作。

图 1-14　FREND 机械臂末端工具

1.1.3.2　喉管捕获

2019 年 10 月 9 日，美国诺斯罗普·格鲁门公司实施了任务扩展航天器（Mission Extension Vehicle - 1，MEV - 1）项目，完成了人类历史上首次对退役的国际通信卫星（Intelsat 901，IS - 901）的接管控制，为其提供额外 5 年的推进剂供给和姿轨控服务，对接示意图和交会对接实拍图如图 1 - 15 和图 1 - 16 所示。MEV - 1 能够与在轨卫星实现交会对接并最终在结构上与目标航天器锁紧连接为一体，在实现与目标对接后，主要是发挥目标航天器的备份推进系统的功能。此外 MEV - 1 还能够对没有延寿价值的航天器执行离轨操作，即将其推离静止轨道区域。2021 年 4 月 12 日，MEV - 2 与国际通信卫星（编号 10 - 02，2004 年发射）在轨对接成功，可延长该通信卫星 5 年在轨寿命。

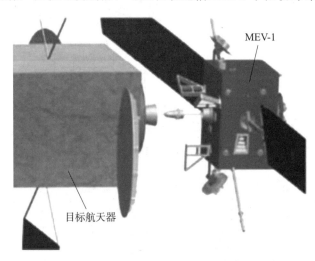

图 1 - 15　MEV - 1 与目标航天器的对接示意图

MEV - 1 捕获机构包括：胀杆、拉杆、锁紧机构、弹簧等，如图 1 - 17 所示。进入捕获域后，锁紧机构捕获锁紧目标航天器喷管的主要过程是：刚性的胀杆绕转轴张开；插入目标航天器喷管喉部；锁紧机构向回拉动，与压紧面共同作用来锁紧目标航天器的喷管，过程如图 1 - 18 所示。锁紧机构释放喷管的运动过程相反，锁紧机构向外运动连同压紧面松开，锁紧机构合拢，捕获机构与目标航天器喷管脱离。

1.1.3.3　包覆捕获

2018 年 9 月 16 日，欧洲碎片移除（Remove Debris）项目成功开展世界首次真实太空环境下飞网抓捕立方星技术验证。其网捕装置的组成如图 1 - 19 所示，包括顶盖、功能质量块、飞网贮藏间、电源、飞网释放装置、系绳储存装置等，该装置无拖曳功能。

该任务由主星释放立方星，立方星内部的 6 根柔性空心杆在气压作用下伸直，并撑起薄膜，形成直径约 1 m 的"气球"，模拟非合作目标。当"气球"飞离主星 7 m 远时，主星打开飞网顶盖，均匀分布在网口的 6 个质量约 1 kg 的功能质量块通过弹簧弹出，牵拉飞网舒展形成 5 m 口径的网兜，飞向"气球"套住目标，并降低立方星转速，功能质量块按照预定程序在惯性作用下缠绕收紧网口，完成立方星抓捕，如图 1 - 20 所示。

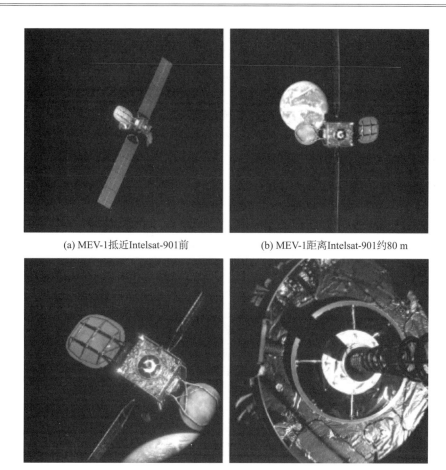

(a) MEV-1抵近Intelsat-901前　　　　　　(b) MEV-1距离Intelsat-901约80 m

(c) MEV-1距离Intelsat-901约20 m　　　　　　(d) 对接过程

图 1-16　MEV-1 与目标航天器交会对接过程实拍

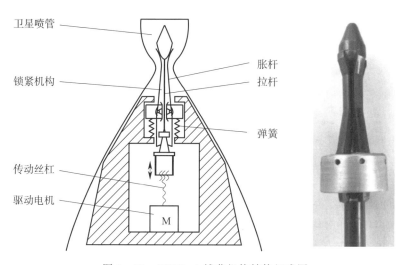

图 1-17　MEV-1 捕获机构结构组成图

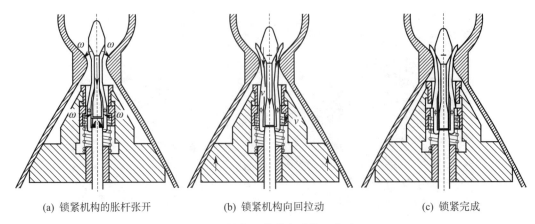

(a) 锁紧机构的胀杆张开　　　(b) 锁紧机构向回拉动　　　(c) 锁紧完成

图 1-18　锁紧机构锁紧喷管工作过程

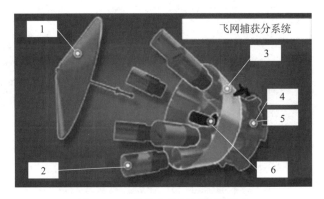

图 1-19　萨里大学网捕装置组成

1—顶盖；2—功能质量块；3—飞网贮藏间；4—电源；5—飞网释放装置；6—系绳储存装置

(a) 释放立方星　　　(b) 形成"气球"　　　(c) 释放飞网　　　(d) 缠绕捕获

图 1-20　飞网包覆捕获目标过程

1.2　技术内涵

空间交会对接（Rendezvous and Docking，RVD）技术是指两个空间航天器于同一时间在同一轨道的同一位置以相同速度会合，并在结构上连成一个整体的技术。完整的交会对接包括交会任务和对接任务，两者有时序关系，交会任务包括两航天器远程导引、近程导引、抵近调姿等飞行阶段，对接任务包括两航天器捕获、校正、连接、保持和分离等阶段。

航天器对接与捕获技术（Docking & Capture Technology，DCT）是实现航天器之间在轨连接、控制与分离，建立组合体间人员或资源交互的技术。DCT 不同于 RVD，不涵盖 RVD 的交会任务，是 RVD 中对接任务的发展及延伸。"对接"面向合作目标，两航天器预留了适配对接的接口；"捕获"面向非合作目标，两航天器未预留适配对接接口。

航天器对接与捕获技术是对接技术和捕获技术的统称，无论是在轨服务任务或是深空探测任务都需要该技术来完成多器/多设备的在轨组合与分离，因此对接与捕获技术是扩展航天器功能、提升航天器性能的重要手段，它一般通过对接与捕获机构来实现。

如果说空间交会对接任务针对的是合作目标，而航天器对接与捕获技术中对于非合作目标的捕获，其前序交会任务即是针对非合作目标开展。实现非合作目标航天器交会对接的难点在于待捕获航天器的动力学参数难以辨识，所需对接构型、接口参数及状态不可知，甚至是在不能与目标航天器进行通信的情况下实施交会对接，且捕获后系统动力学参数将发生突变，这就增加了捕获过程的难度和复杂度。

航天器对接与捕获机构（系统）是航天器对接与捕获技术的载体，按照分类可以分为对接机构和捕获机构，对接机构又可以分为载人对接机构和无人自主对接机构；捕获机构种类繁多，通常按照工作原理分为喉管捕获机构、飞网捕获机构、欠驱动捕获机构、变刚度捕获机构等。

1.3 发展历程

虽然在轨服务技术 1986 年才提出，但随着在轨服务概念的不断延伸，自 20 世纪 60 年代兴起的交会对接技术亦可以纳入在轨服务技术的范畴。自 1966 年至 2021 年，全世界成功实现在轨对接与捕获近 400 次。回顾与总结对接与捕获技术的发展历史，其发展历程大致可分为三个阶段：概念提出与初步实用阶段（1960—1980 年）、面向自主对接验证与实施阶段（1980—2000 年）以及全面应用与升级换代阶段（2000 年至今）。

1.3.1 概念提出与初步实用阶段

在美苏争霸期间，受限于运载火箭的能力，设计师提出了在轨交会对接概念。

苏联 1967 年研制的杆锥式对接机构如图 1-21 所示，此种对接机构在主动端上装有可伸缩传动机构，被动端为接纳锥，主动对接框与被动对接框可以形成密封壳体，中间连杆可以收回并露出过渡通道［图 1-21（a）］。杆锥式对接机构具有简单、轻质、可靠性高等特点。

美国研制的杆锥式对接机构（图 1-22），利用锥销配合性原理，采用液压式缓冲方式，缓冲系统质量很大，机构控制系统非常复杂。

1975 年，美国阿波罗 18 号飞船与苏联的联盟 19 号飞船成功进行交会对接，为实现这次对接，两国专门研制了异体同构周边式对接机构，如图 1-23 所示。该机构形式的出现是航天器对接机构的一个重大进步，至今国际通用的载人飞船对接机构仍以此为基础。

(a)　　　　　　　　　　　　　　　(b)

图 1-21　苏联杆锥式对接机构

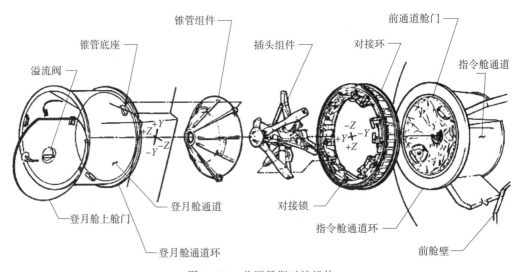

图 1-22　美国早期对接机构

这一阶段受限于国际政治形势和技术发展水平，对接与捕获技术主要面向载人航天器的对接机构，围绕有人参与进行方案探索、技术评估和在轨验证，为在轨服务技术从无到有、从地到天的发展奠定了坚实基础。

1.3.2　面向自主对接验证与实施阶段

随着 1986 年在轨服务概念的提出，基于先进传感器、遥操作、计算机技术的发展，尤其是高价值航天器在轨组装、维修和深空探测任务的迫切需求，面向无人的自主对接技术得到了蓬勃发展。

此外，因载人航天高昂的成本投入，以德国、日本为代表的航天大国企图绕过有人对接机构，直接开展无人自主对接技术，包括空间自主对接、航天器在轨设备更换、在轨装配与维修等研究，从而摆脱有限的运载能力对大型空间设施建设的制约，增强航天器的在轨自主能力，延长航天器的在轨寿命。

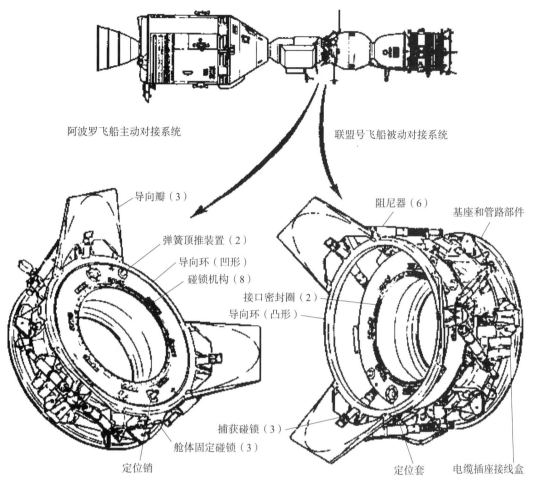

阿波罗飞船主动对接系统   联盟号飞船被动对接系统

导向瓣（3）   阻尼器（6）   基座和管路部件

弹簧顶推装置（2）
导向环（凹形）
碰锁机构（8）

接口密封圈（2）
导向环（凸形）

捕获碰锁（3）
舱体固定碰锁（3）

定位销   定位套   电缆插座接线盒

图 1-23 阿波罗 18 号飞船与联盟 19 号飞船的异体同构周边式对接机构

自主在轨捕获（Autonomous On Orbit Capture）技术，是指空间智能系统在部分或完全无人干预的情况下自主完成对空间目标的抓捕，而能够完成上述任务的空间智能系统又称为无人自主对接机构。

加拿大机械臂末端执行器作为一种典型的无人自主对接机构，是第一个在航天飞机上正式使用的对接与捕获机构。不仅在空间站的建设中起到关键作用，而且对哈勃太空望远镜进行多次在轨维修和升级。该对接与捕获机构采用类杆锥式连接装置作为连接执行环节，实物及其对应的接口如图 1-24 所示。

欧洲的赫尔墨斯（Hermes）计划（图 1-25）面向推进剂收集和在轨加注任务开展研究，规划收集已经损坏但有推进剂剩余的航天器、有多余推进剂的正常航天器和火箭上面级中的推进剂，然后利用这些推进剂给 GEO 上需要推进剂的目标航天器进行在轨加注。

2012 年 7 月，DARPA 启动了凤凰计划，凤凰计划的设想是演示验证从报废卫星上拆除和再利用零部件（如天线）的技术，其方案是从一颗退役卫星上"剥离"大型天线置于GEO 上，并在其周围构造航天器的其他功能模块，如图 1-26 所示。

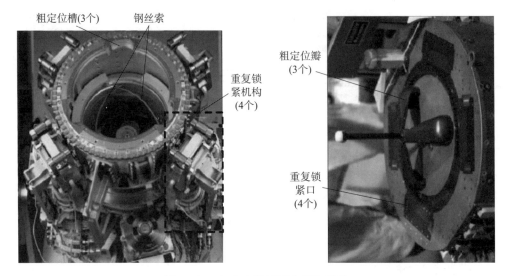

图 1-24　加拿大机械臂末端执行器

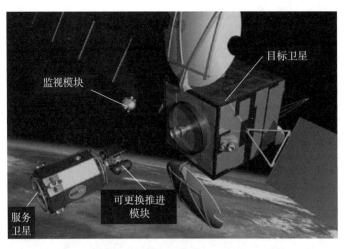

图 1-25　赫尔墨斯计划的在轨加注设想图

　　20世纪90年代以来，各国充分认识到在轨对接与捕获技术是在轨服务当中的一项关键技术，是人类在空间活动能力的一种延拓，同时具有极高的军民两用价值。在该阶段以美国的轨道快车计划、日本的 ETS-Ⅶ 试验卫星计划为代表，各国展开了大量的自主在轨对接技术研究，并衍生发展了航天器模块化技术、先进机械臂技术、在轨加注技术等，形成了初步的标准接口体系，但该阶段的对接与捕获技术还偏重在合作目标的对接，非合作目标的捕获技术尚处于探索和地面试验阶段。

1.3.3　全面应用与升级换代阶段

　　随着空间站在轨组装、火星探测、重返月球等重大航天工程的启动，面向不同任务特点的航天器对接与捕获机构逐渐形成系列化、产品化，并建立了相应的接口标准。

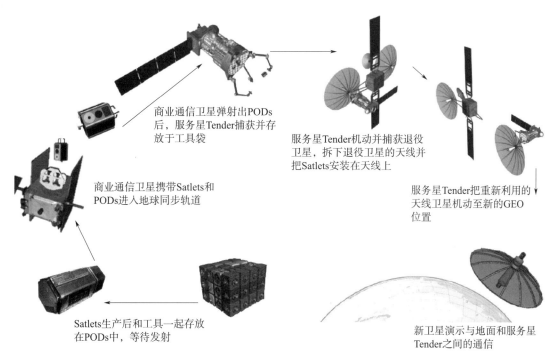

商业通信卫星弹射出PODs
后，服务星Tender捕获并存
放于工具袋

服务星Tender机动并捕获退役
卫星，拆下退役卫星的天线并
把Satlets安装在天线上

服务星Tender把重新利用的
天线卫星机动至新的GEO
位置

商业通信卫星携带Satlets和
PODs进入地球同步轨道

Satlets生产后和工具一起存放
在PODs中，等待发射

新卫星演示与地面和服务星
Tender之间的通信

图 1 - 26　凤凰计划的在轨演示验证设想图

1.3.3.1　载人航天器对接机构形成标准

以载人航天器对接机构为例，针对各型对接机构，设计师们更倾向于对产品进行优化，力求用更少的资源实现同样性能，使产品质量更小、包络更小、功耗更低。

当前服役的有国际空间站上的杆锥式对接机构（如阿波罗飞船对接机构）、异体同构内翻式对接机构（如 APAS - 89，Androgynous Peripheral Attach System - 89），以及中国神舟飞船的周边布局异体同构式对接机构，表 1 - 1 给出了已退役或服役中的 7 种载人航天器对接机构，这些传统的碰撞式对接机构经历了几十年的发展和在轨验证，演变出了多种形式，技术已较为成熟。

表 1 - 1　国内外典型的载人航天器对接机构

名称	实物图	基本参数	技术特点	应用情况
阿波罗锥销式对接机构		质量：140 kg；通道直径：0.68 m	采用"锥-销"式原理，主动端利用对接锥进行对接初始接触碰撞，使用气液缓冲原理实现能量吸收，利用通道周边的结构锁实现锁紧和解锁功能，被动端为导向锥构型。该对接机构结构复杂，需大量采用手动操作将对接机构从中间移开获得内部通道	用于阿波罗登月工程和美国的天空实验室

续表

名称	实物图	基本参数	技术特点	应用情况
联盟杆锥式对接机构		质量:230 kg; 最大直径:1.55 m; 通道直径:0.8 m	主动端为具有捕获和缓冲功能的伸缩杆,被动端为接纳锥,与舱门盖融为一体,打开舱门可形成 ϕ 800 mm 通道。结构相对简单,需要旋转打开舱门,对舱内空间需求较大。不适用于大型航天器	用于俄罗斯联盟号飞船、进步号飞船、和平号空间站、欧洲 ATV 货运飞船
周边式对接机构(Androgynous Peripheral Attach System, APAS)		质量:350 kg; 最大直径:1.8 m; 通道直径:0.8 m	异体同构设计无主动端和被动端之分,所有部件均布置在周边,中心位置留出来作为过渡通道,连接刚度好,能连接质量大的航天器	用于美国航天飞机与国际空间站的对接
混合式对接机构(Hibrd Probe and Drogue System, HPADS)		质量:260 kg; 最大直径:1.6 m; 通道直径:1.1 m	杆锥式对接机构的改进型,密封连接部分采用了周边式对接机构的设计,扩大了通道直径,提高了连接刚度	联盟 TMA-M 系列飞船与国际空间站的对接
神舟飞船异体同构式对接机构		质量:326 kg; 最大直径:1.8 m; 通道直径:0.8 m	采用 APAS 异体同构布局设计,通过模块简化,分为主动和被动两种配置	神舟系列飞船
低冲击对接系统(Lower Impact Docking System, LIDS)		主动端/被动端质量:341 kg/320 kg; 最大直径:1.73 m; 通道直径:0.8 m	NASA 基于力反馈闭环控制的低冲击对接系统,异体同构设计,所有部件均放置在周边,中心位置留出作为过渡通道	论证中
国际停泊对接机构(International Berthing Docking Mechanism, IBDM)		质量:300 kg; 最大直径:2.20 m; 通道宽:1.27 m	广泛用于国际空间站上舱段、桁架间的连接	论证中

　　由于载人航天器对接机构主要应用于国际空间站,为了统一接口,满足国际合作和空间救援等载人航天器的现实需求,国际空间站多边协调委员会(Multilateral Control Board,MCB)推出了国际对接系统标准(International Docking System Standard, IDSS),并于 2011 年 5 月公布了接口定义文件(Interface Definition Document,IDD) A 版本,IDSS 的应用范围包括国际空间站任务、月球探测任务、深空探测任务以及乘员营救任务、国际合作任务等。截至 2021 年 2 月,该标准更新至 2016 年 E 版本,遗憾的是我国不是国际空间站成员国,未参与该标准制定,但我国在役的内翻式异体同构周边式对接机

构与上述标准兼容。

为进一步完善和升级已有对接机构，美国和欧洲相继开发了兼容 IDSS 接口的新型对接与捕获机构。美国开发的低冲击对接系统（Lower Impact Docking System，LIDS）（图 1-27）将应用于猎户座多用途乘员航天器、商用乘员航天器等未来空间探索航天器项目。ESA 为了占据美、俄、中之外载人航天器研发能力的第四席，自 20 世纪 90 年代启动国际停泊对接机构（International Berthing Docking Mechanism，IBDM）研制，概念如图 1-28 所示，采用主动控制的 Stewart 平台方案，配置了电磁捕获装置、力传感器等，可实现两航天器的柔性捕获和缓冲。

 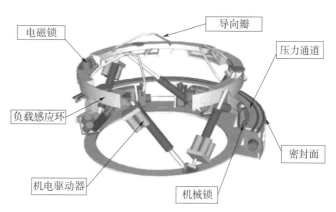

图 1-27 美国低冲击对接系统

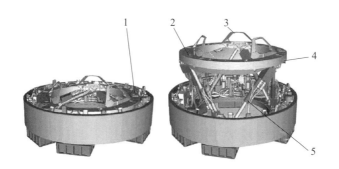

图 1-28 欧洲国际停泊对接机构

1—电磁捕获锁；2—力传感器；3—导向瓣；4—对接环；5—直线驱动器

1.3.3.2 小型自主对接机构全面应用

在航天任务多样性发展及商业航天的推动下，多种中小型航天器、微纳卫星上应用的自主对接机构呈现井喷式发展，典型的有美国轨道快车项目的三爪式对接与捕获机构和柔性杆式对接与捕获机构、日本的 ETS-Ⅶ 试验卫星的卡爪式对接与捕获机构、德国 iBOSS（intelligent Building Blocks for On-orbit Satellite Serving，iBOSS）项目的异体同构对接与捕获机构、中国嫦娥五号卡爪式对接与捕获机构等，且都已完成在轨技术验证。

国际空间站日本试验舱暴露平台（图 1 - 29）用于舱外暴露试验的仪器设备的安装和停泊，暴露平台通过停泊机构（Berthing Mechanism，BM）连接在日本试验舱的增压舱外侧，暴露平台外形尺寸 5.7 m×5.0 m×3.8 m，重约 4 t，其周边配置 12 个暴露载荷设备停泊接口，通过设备交换单元（Equipment Exchange Unit，EEU，图 1 - 30）连接在暴露平台上。暴露平台的停泊机构和设备交换单元都属于典型的对接与捕获机构，连接后可从空间站向暴露载荷设备提供机械、能源、信息、流体工质的导通功能。

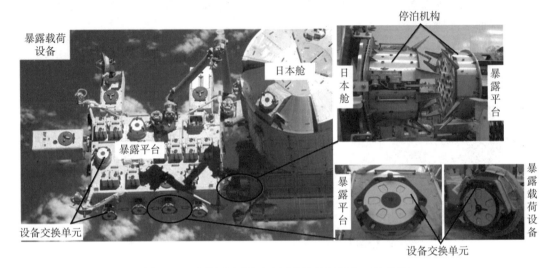

图 1 - 29　国际空间站日本试验舱暴露平台（见彩插）

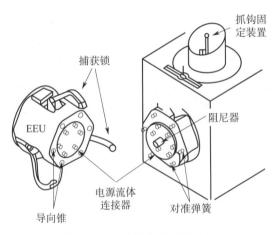

图 1 - 30　设备交换单元组成

美国轨道快车项目中的三爪式对接与捕获机构由萨里（Surrey）公司设计，该机构包括主动端和被动端两部分，其中主动端包括连杆机构（爪）、驱动机构等部组件，被动端设计有被捕获特征以及用于检测机构作动位置的传感器，如图 1 - 31 所示。该机构工作原理为：对接初始状态下主动端处于展开状态，接收到对接指令后，主动端的驱动机构带动三套连杆机构动作，被动端楔形结构能够引导连杆进入中心凹槽，此时被动端被连杆锁住，捕获动作完成。建立刚性连接的同时建立液体及电气连接。

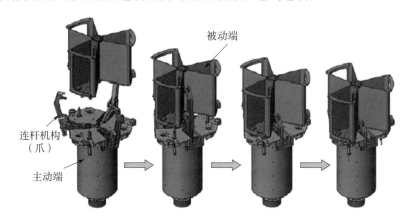

图 1-31　轨道快车三爪式对接与捕获机构

密歇根空间公司（Michigan Aerospace Company）也为轨道快车开发了一种杆锥式对接与捕获机构，与载人飞船的杆锥式对接机构不同，轨道快车杆锥式对接与捕获机构的中心为柔性杆，对接时主动端伸出柔性杆，到达被动端锥桶底部时，触发锁定机构完成软捕获；之后柔性杆回拉将周边的杆锥插入相应锥筒后触发相应锁定机构，完成刚性连接及各功能接口导通。轨道快车柔性杆式对接与捕获机构提供多种接口形式，流体、电气、热接口都可以布置在锥筒周边，具有轻质、紧凑、适应范围宽、通用性强等特点，其构型如图1-32 所示。

图 1-32　轨道快车柔性杆式对接与捕获机构

在自主对接机构全面应用阶段，各型对接与捕获机构的设计思路都是基于先引导定位再机械锁定和资源导通的顺序实现的。这些自主对接机构呈现以下特点。

（1）机电气液热模块架构标准化、通用化

现有的机、电、气、液、热等导通模块均是依据型号任务进行定制研发的，资源传输功能覆盖程度不一，且接口也没有统一起来。随着各国对航天器交互活动认知越来越清晰，未来针对需要交互的航天器规划建立机电气液热模块架构，并统一接口，是各国航天技术发展的必经之路。

（2）对接过程高精度化、分离低冲击化

杆锥配合方式是当前对接与捕获过程采用的最广泛的方式，随着航天器上的敏感设备越来越多，要保证更高精度的对接和捕获，则整个对接或分离过程要实现"软对接""低冲击分离"，避免产生过大冲击载荷，从而要求对接与捕获机构尽可能的小型化，且作动过程"轻手轻脚"。

（3）资源传输模块一体化、智能化

通过现有的一体化装置功能分析，未来航天器对一体化对接与捕获机构的功能要求越来越高，不仅需要提供捕获、锁紧、分离等功能，还需要全面覆盖机、电、气、液、热等资源传输功能，各项动作完成后提供信号指示功能，以及最终机构提供的预载荷反馈功能，最终实现各类接口的一体化、智能化以及强匹配性。

1.3.3.3　非合作目标捕获机构蓬勃发展

进入 21 世纪，随着轨位资源清理需求愈加迫切，各航天大国针对面向非合作目标的捕获技术的研究及产品开发投入越来越多。最典型的两种非合作目标的捕获为废弃卫星主发动机喷管捕获和失控卫星整体网捕。

（1）主发动机喷管捕获机构

轨道修复公司（Orbital Recovery Corporation）开展了航天器寿命延长系统（Cone Xpress Orbital Life Extension Vehicle，CX－OLEV）的研制。CX－OLEV 相当于一个轨道拖船，它接近目标航天器并与之对接后，接管目标航天器的姿态和轨道控制——提供推进、制导、导航和控制，使目标航天器保持合适的轨道和姿态，使其有效载荷继续发挥作用。

CX－OLEV 充分利用了目标航天器的远地点发动机喷管和星箭对接环的结构特点，设计通用型对接与捕获机构。其对接与捕获机构由两部分组成，如图 1－33 所示。一部分是远地点发动机喷管的捕获机构，其主体结构为双杆可膨胀捕获装置，由可伸缩双丝杆机构和机械固定机构组成，在 CX－OLEV 沿目标航天器发动机喷管轴线方向足够靠近目标时，双丝杆机构在驱动马达的作用下便沿轴线方向伸展，将可膨胀捕获装置送入目标航天器的发动机喷管内部，随后，可膨胀展开并实现与目标航天器连接。另一部分是三套独立的星箭对接环锁紧机构，沿 CX－OLEV 的对接面圆周方向呈 120°的等角距分布，在执行任务之前呈折叠状态，当捕获机构将两航天器距离缩小到锁紧机构的作业距离范围之内时，锁紧机构打开，并捕获目标航天器的星箭对接环，两个相配合的锁紧钩分别从对接环内部和外部收紧，当锁紧机构完成锁紧之后，两航天器之间的相对位置和姿态即被确定。

（2）飞网捕获机构

ESA 于 2002 年提出了地球同步轨道清理机器人（Robotic Geostationary Orbit Restorer，ROGER）项目，该项目包括飞网捕获机构和飞爪捕获机构。利用飞网捕获机构清除地球同步轨道上的失效航天器以及较大的空间碎片，利用飞爪捕获机构将未进入预定轨道的航天器抓捕后送入正常轨道，如图 1－34 所示。飞网型捕获机构可携带 20 个飞网，最多能捕获 20 个目标。在距离目标航天器约 15 m 处，图 1－34（a）所示的柔性网将

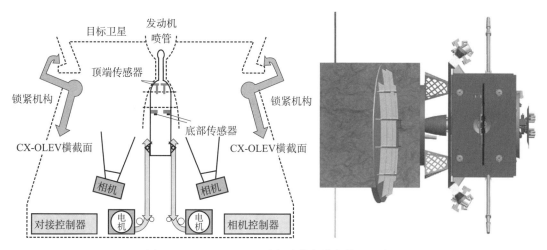

图 1 - 33 CX - OLEV 重复连接与分离装置示意图

被释放，通过展开、覆盖、收口三个动作来完成对目标航天器的捕获，然后利用连接的系绳将目标航天器运输到废弃轨道，采用的是直接抛射展开方式，可应用于大型柔性网的展开。飞爪型捕获机构可携带 3 个飞爪，飞爪由 3 根锥形关节手指构成，手指表面带有柔软表层，可独自或同时飞出，以形成对目标航天器的包围，保证抓捕成功。飞爪通过伸缩臂与 ROGER 本体相连，伸缩臂末端有弹簧装置，以确保抓捕时能以较小的力与目标航天器接触，避免将目标撞飞。

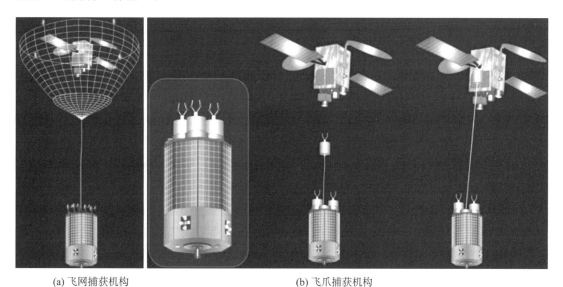

(a) 飞网捕获机构   (b) 飞爪捕获机构

图 1 - 34 在轨柔性捕获装置示意图

（3）机械臂捕获

在凤凰计划中，利用机械臂捕获废弃 GEO 卫星则属于空间非合作目标捕获。从凤凰计划的公布视频看，机械臂抓捕的是废弃卫星的对接环，如图 1 - 35 所示，该机械臂称为

FREND（Front end Robotic Enabling Near - term Demonstration），长 2 m，质量为
78 kg，可在肩-肘-腕关节的支持下实现末端作动器的 7 自由度运动。机械臂末端速度
15 cm/s，旋转精度 0.002°，平动精度高达 1 mm，精度与空间站上应用的加拿大主机械臂
（精度 45 mm）相比，大幅提高。

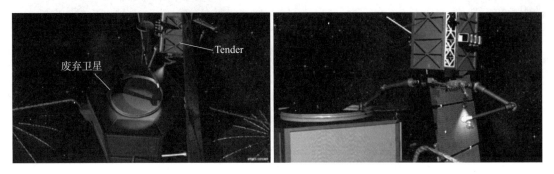

图 1 - 35　凤凰计划机械臂捕获航天器

1.4　典型对接与捕获机构

对接与捕获机构是集捕获、连接、释放、分离、重复使用等多种功能于一体的系
统，构成对接与捕获机构的主动端和被动端，分别安装于两个航天器或同一航天器的两
个舱段上。对接与捕获机构种类有很多，如德国 iBOSS 项目的异体同构连接分离装置、
用于国际空间站货物（货盘）装卸的停泊装置、用于月壤标本转移前两器（轨道器与上
升器，亦称服务航天器与目标航天器）对接的捕获装置、用于空间非合作目标捕获的网
捕装置、用于卫星与火箭对接的星箭解锁装置以及用于微纳卫星在轨释放与回收的重复
使用装置等。

不同的对接与捕获机构，其捕获、锁定、释放、分离、重复使用等主要功能的设计过
程相似，只是具体的设计侧重点不同。并非所有对接与捕获机构都同时具有上述功能，对
于某一对接与捕获机构产品而言，有时将捕获与连接功能、释放与分离功能融合，但对接
与捕获机构至少包含捕获、锁定与分离功能。随着航天器在轨任务需求的不断增加，对接
与捕获机构的形式和类别日趋多样，对其进行统一分类难度较大。目前，常见分类方式为
根据刚柔特性进行分类、根据动力源进行分类以及根据冲击载荷量级进行分类。

按照对接与捕获机构的主动端和被动端是否建立刚性连接，可将其分为刚性装置和柔
性装置。在大多数情况下，对接与捕获机构都需要建立刚性连接，因为只有建立刚性连接
才能确保装置在传力路径上发挥作用，否则会给航天器变轨和姿态控制增加难度。尤其在
载人飞行任务中，往往只有建立刚性连接才能形成密封通道。柔性装置的主动端和被动端
在对接后需传递的轴向载荷或预紧载荷很小，如日本的 ETS - Ⅶ 卡爪式自主捕获与对接机
构，其功能是建立两个航天器的初步连接，在两航天器连接后没有组合体机动或承载需
求，所以不需要很大的预紧载荷。

按照对接与捕获机构的动力源布置方式不同,可分为被动端无源机构和被动端有源机构。通常情况下,对于对接与捕获机构的被动端,要求结构简单、无动力源、无遥测信息,被动端仅配合主动端完成连接锁定或释放分离任务即可,对被动端所在的航天器没有能源供给和信息反馈等需求,以简化两航天器的接口复杂度。美国轨道快车项目中三爪式对接与捕获机构为一种被动端无源机构,另一种柔性杆式对接与捕获机构则需要在其被动端设置分离解锁的触发器,因此要求被动端所在航天器具有相应能量供给和信息反馈功能,在主动端与被动端分离时需要在两航天器之间进行通信。

按照对接与捕获机构建立对接过程的冲击载荷不同,可分为强撞击对接与捕获机构和弱撞击对接与捕获机构。由于在轨姿态控制措施的局限性,对主动端与被动端对接的初始姿态精度要求不能太高。在主动端与被动端对接过程中,通常采用撞击式捕获,并通过缓冲器吸收冲击能量。随着航天器上敏感光学仪器越来越多,降冲击需求越来越迫切;同时航天器的姿态控制精度不断提高,因此一些弱撞击的对接与捕获机构陆续出现,如美国轨道快车项目的柔性杆式对接与捕获机构,其捕获过程中先由主动端伸出一个柔性杆,由被动端捕获后柔性杆回缩,将主动端与被动端拉近。此捕获过程能大幅降低两航天器间的冲击载荷。

本节选取国内外 6 种典型的对接与捕获机构,分别介绍每种机构的工作原理、服役背景、产品特点等情况。

1.4.1　中心杆锥式对接机构

杆锥式对接机构是最早期的一种对接与捕获机构形式,该机构的传动部分安装在主动端的过渡通道的盖子上,被动端的盖子被做成接纳锥的形式,对接过程由杆与锥相互作用,完成初始机械连接并将两航天器拉紧,而最后的刚性连接则由设置在杆和锥周边对接框上相应的 8 个结构锁完成。在结构锁锁定之后,杆与锥脱离连接,同时向后收缩至最短位置,并可随舱盖一起打开。为缩小该机构的纵向尺寸,通过改进缓冲器的设计使得这种机构的结构参数更为合理,适当增大的接纳锥锥角使得伸缩杆的行程缩短,整个机构的长度也随之缩短,机构更为紧凑。联盟号和礼炮号被动对接装置和主动对接装置如图 1 - 36所示。

1.4.2　周边弱撞击式对接机构

20 世纪 90 年代,NASA 和 ESA 启动弱撞击对接与捕获机构研制,其目标是研制一款代替国际空间站现有对接机构的通用机构(系统)。NASA 研制的 LIDS 实物如图 1 - 27所示,该机构起初用于猎户座飞船的对接机构,构型仍采用周边式布局方案(中间用于货物或航天员通行),并在原有方案基础上降低主动端与被动端对接过程中的冲击载荷。LIDS 属于刚性对接与捕获机构,由于采用异体同构构型,所以其两端都设置了动力源。采用电磁对接实现软捕获,并采用力反馈闭环控制,大幅度降低了对接冲击载荷。

ESA 研制的弱撞击对接与捕获机构为 IBDM,图 1 - 28 左图为主动端收拢状态,右图

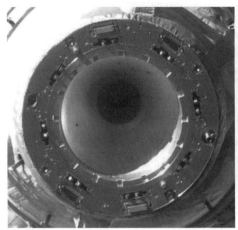 

图 1-36　联盟号和礼炮号被动端（左）和主动端（右）

为主动端伸展开后状态。开始对接时对接环从下位伸展到上位，主动端和被动端的对接环碰撞后，主动端对接环端面上的力传感器检测到力信号，将其反馈到控制系统，经控制系统解算后给 6 个驱动器下达相应动作命令，修正对接环的位姿，两对接环贴合后由电磁捕获锁锁定。之后在 6 个驱动器的控制下，将两航天器拉近，建立完全刚性连接。

1.4.3　连杆式对接与捕获机构

国际空间站通用停泊机构（Common Berthing Mechanism，CBM）（图 1-37）是国际空间站上应用的一种连杆式低冲击对接与捕获机构，用于实现货盘在国际空间站上的停靠，能实现自主对接，且具有对接容差大、可重复连接与分离的特点。该机构由主动端和被动端（又称为捕获锁适配器）两部分组成，采用模块化设计，需要 3 套或 4 套机构配合来实现大容差捕获功能。

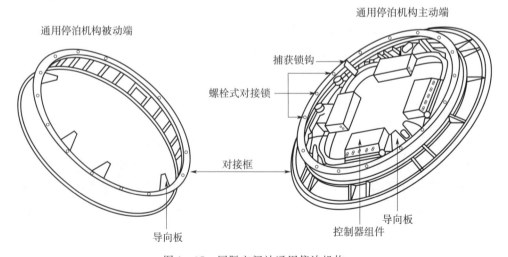

图 1-37　国际空间站通用停泊机构

如图1-38所示，被动端为无动力源的简易结构，安装在国际空间站上。主动端为两自由度的五连杆机构，安装在货盘上。连杆式低冲击对接与捕获机构的主动端上安装有驱动组件、空转臂、副驱动臂、主驱动臂等，捕获时驱动组件驱动减速器，减速器驱动副驱动臂和主驱动臂带动捕获臂展开，达到具备对接最大容差状态。接到停泊对接指令后，主动端的驱动组件反转再次驱动副驱动臂和主驱动臂带动捕获臂收拢。图1-39给出了捕获过程示意图，在初始收拢阶段，两自由度五连杆机构能够保证主动端的捕获臂迅速缩小捕获域，有效捕获被动端（捕获锁适配器）。

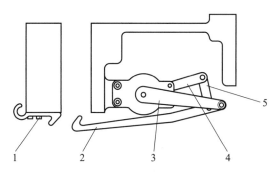

图1-38　连杆式对接与捕获机构

1—被动端（捕获锁适配器）；2—捕获臂；3—副驱动臂；4—主驱动臂；5—空转臂

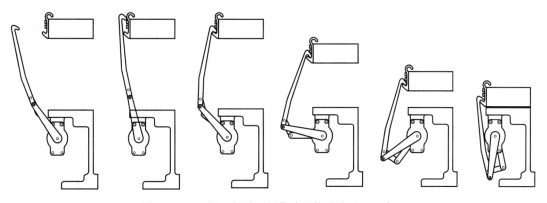

图1-39　国际空间站通用停泊机构捕获过程示意图

1.4.4　卡爪式自主捕获机构

20世纪90年代，ESA与日本宇宙航空研究开发机构（Japan Aerospace Exploration Agency，JAXA）针对未来在轨对接任务，尤其是地外天体采样后的样品转移等任务，提出了无人空间交会软对接需求，这种对接任务仅需要两航天器建立短时的连接，用于机械臂在轨的精细操作或将上升器采集的地外天体样品转移到轨道器中带回地球。此类任务不需要像"硬对接"时那样通过动能实现捕获，对接与捕获机构只要完成刚性连接、解锁和分离操作。在此背景下卡爪式自主捕获机构方案被提出，图1-40给出了日本ETS-Ⅶ卡爪式自主捕获机构组成示意图,该装置采用"三点式"布局,在周向均布 3 套同样的卡爪实现主动端与被动端的捕获,卡爪式自主捕获机构具有捕获、连接及分离功能,由于捕获过程中碰撞力较小,属于弱撞击装置。另外,由于捕获连接后不能提供较大的连接刚度,也属于柔性对接与捕获机构。

ETS-Ⅶ的出现标志着交会对接技术由大型航天器向中小卫星过渡。ETS-Ⅶ由追踪星(2.5 t)和目标星(0.5 t)组成,入轨后分离,成功进行了多次不同距离交会对接。敏感器由交会雷达、差分 GPS 和激光雷达与接近光学敏感器组成,对接机构采用"撞锁-手柄"结构,质量小、结构简单,适用于无人自主对接。

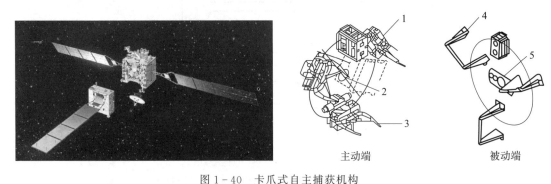

图 1-40 卡爪式自主捕获机构

1—卡爪捕获装置;2—接近敏感器;3—卡爪;4—锁柄;5—目标识别器

如图 1-41 所示,每套卡爪式自主捕获机构的主动端包括卡爪、分离弹簧、锁柄、V型定位块、导引连杆和驱动连杆等;被动端为结构件(3 个周向均布锁柄),无动力源,主要部组件为锁柄,用于主动端卡爪的抓持。当主动航天器与被动航天器建立捕获姿态后,卡爪式自主捕获机构的动力源接到动作信号,驱动连杆动作,在驱动连杆和导引连杆的带动下,卡爪完成捕获被动端锁柄的动作,并将锁柄压紧在 V 型定位块内。在捕获过程中利用抱爪压缩锁柄及 V 型定位块下的分离弹簧进行储能,用于提供解锁后主动航天器与被动航天器分离的动能。

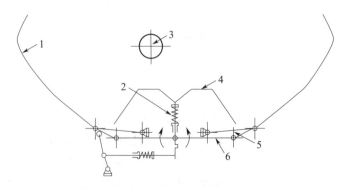

图 1-41 卡爪式自主捕获机构原理图

1—卡爪;2—分离弹簧;3—锁柄;4—V 型定位块;5—导引连杆;6—驱动连杆

1.4.5　柔性网式捕获机构

ESA 的 ROGER 项目的应用包括对目标卫星的绕飞监测、交会和抓捕等。该系统具备视觉系统、抓捕与对接机构，可对合作及非合作性的目标航天器进行交会和抓捕（对接）操作，一方面可以利用飞网抓捕机构来清除地球同步轨道上的失效航天器，并转移到无用的轨道上；另一方面利用绳系飞爪抓捕未进入正常轨道的地球同步轨道航天器，并将其送入预定工作轨道。

ROGER 项目的柔性网式捕获机构属于一种非合作目标捕获机构，该机构没有主动端和被动端之分，且捕获过程属于柔性包覆过程，冲击载荷很小。柔性网式捕获机构的优点是飞网张开后的口径能达到十几米甚至几十米，所以可以捕获尺度很大的目标，缺点是飞网发射后姿态不可控制，且不可重复使用。

柔性网式捕获机构主要由弹射机构、飞网、系绳、角质量块和弹簧等组成，弹射机构通过弹簧弹射飞网，飞网通过系绳与平台连接，一定数量的角质量块靠惯性拉出飞网，并提供飞网一定的相对速度。柔性网式捕获机构的工作过程示意图如图 1-42 所示，包括发射准备阶段、飞网发射阶段、飞网展开阶段、飞网收口阶段、拖曳离轨阶段和弃置返回阶段。在进行网捕任务前，柔性网式捕获机构处于收拢位置，当接到捕获指令后，飞网发射弹出，飞网端部的一组（4 个或 6 个均布）质量块牵引飞网展开，当捕获目标后，质量块上有收绳装置将飞网的收口扎紧。当主动航天器拖曳被捕获目标进入预定轨道后，切断拖曳绳，将目标弃置，主动航天器返回。

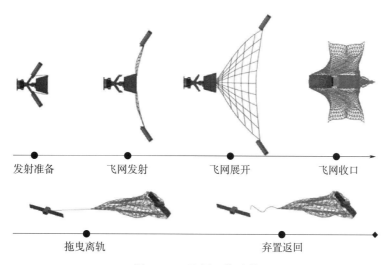

发射准备　　　飞网发射　　　飞网展开　　　飞网收口

拖曳离轨　　　　　　　　弃置返回

图 1-42　飞网工作过程

与 ESA 提出的弹射飞网抓捕装置原理相似，哈尔滨工业大学梁斌、翟光等人开发了一种采用柔性飞网为抓捕手段的抓捕装置，此装置主要由质量块、飞网、飞网储箱和弹射装置组成，如图 1-43 所示。柔性飞网在轨抓捕系统采用自由飞行平台与飞网弹射抓捕装置相结合的方式，在自身携带的天基目标测量系统的引导下，自由飞行平台具有针对待抓捕目标的近距离机动、绕飞、逼近及停靠能力,当目标进入柔性飞网抓捕作业的有效距离内,飞网将被指向目标弹射、张开并包络锁紧目标。弹射后的飞网通过系绳与平台连接,在完成目标抓捕以后,自由飞行平台可根据任务需求拖拽目标实施变轨。

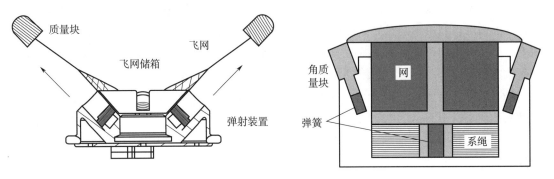

图 1-43　哈尔滨工业大学的柔性飞网

1.4.6　欠驱动爪式捕获机构

　　2014 年哈尔滨工业大学研制了一款基于差动机构的欠驱动自适应对接与捕获机构,如图 1-44 所示。该机构包含 3 个 3 自由度单手指,每根手指具有 3 个关节并且具有自适应性,4 个电机协同驱动 3 根手指工作来实施对目标航天器的抓捕。电机 1 同时驱动 3 根手指的根部指段做回转运动,其中手指 2 和手指 3 具有相同的旋转方向,与手指 1 的旋转方向相反,3 根手指通过系统控制指令同步旋转实现整个手爪系统的展开和闭合。整个手指式捕获结构通过各个指关节的自适应性运动,能够实现一定大小范围内的不同形状和外形尺寸目标的抓取。

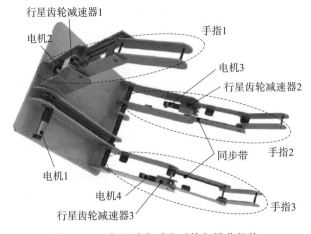

图 1-44　欠驱动自适应对接与捕获机构

　　图 1-45 所示的欠驱动捕获机构是一种典型的刚性机构,但由于采用绳索[凯夫拉(Kevlar)绳]驱动,原动件数量小于机构的自由度,具有多自由度自适应捕获机构。欠

驱动捕获机构由一系列的连杆构成，采用一个执行机构进行驱动，即欠驱动捕获机构是通过张紧的 Kevlar 绳来操控。图 1 - 45 显示了由于在导向连杆中安装了弹簧而使臂处于完全伸展状态。当电机卷绕 Kevlar 绳时，滑动连杆进一步移动到导向连杆（黄色箭头）。最终，滑动连杆完全插入导向连杆，欠驱动捕获机构完全折叠，实现抓捕。

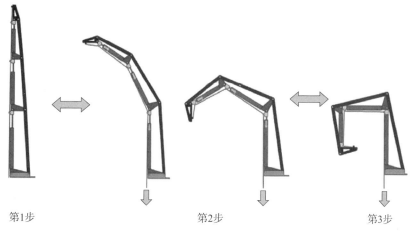

第1步　　　　　　　　第2步　　　　　　　　第3步

图 1 - 45　欠驱动捕获机构工作过程（见彩插）

图 1 - 46 所示为欠驱动捕获机构缩比样机捕获目标试验。首先，在导向连杆上的弹簧的弹性力作用下，4 个铰接欠驱动捕获机构完全展开。部署抓捕目标后，步进电机开始工作。当电机缠绕沿着装置臂内侧安装的 Kevlar 绳时，成功折叠并捕获目标物体。

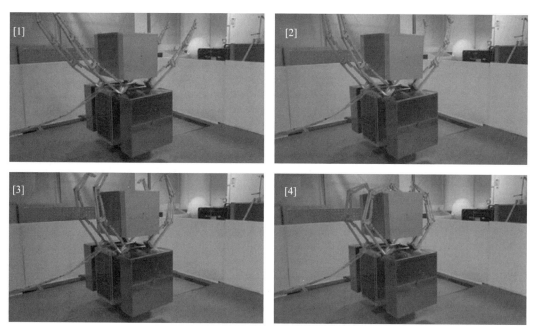

图 1 - 46　欠驱动捕获机构捕获目标试验

1.5　本书主要内容

航天器对接与捕获技术是航天高技术领域当中的一项极具前瞻性和挑战性的技术，涉及材料、机构、控制、动力学等多个学科，同时要适应复杂空间环境的苛刻要求，满足高可靠工程要求，不仅是我国为发展航天技术必须解决的一项关键技术，而且也是为占领未来空间技术发展制高点的必然要求。

本书共分为 6 章。

第 1 章为绪论，系统综述了对接与捕获技术的研究背景、技术内涵和发展历程。

第 2 章为对接与捕获机构设计，介绍了对接机构的设计要求、系统方案、捕获设计、缓冲设计、热设计、润滑设计等内容。

第 3 章为对接与捕获机构分析，介绍了对接与捕获机构典型工作过程、运动学分析、动力学分析、仿真分析等内容，并给出了典型的分析算例。

第 4 章为对接与捕获机构验证，介绍了试验设计、试验技术、典型试验方案、典型试验设备等内容。

第 5 章结合第 2 章、第 3 章、第 4 章内容给出了 3 个典型的设计实例。第一个设计实例介绍如何根据任务需求开展系统方案论证；第二个实例介绍了三爪式对接与捕获机构的捕获功能设计、分析及验证过程；第三个设计实例对一种异体同构构型的对接与捕获机构锁定功能设计、分析及验证进行了讲解。

第 6 章为对接与捕获机构技术展望，对对接与捕获技术的发展趋势、应用前景及关键技术进行了分析及展望。

第 2 章　对接与捕获机构设计

2.1　概述

在航天器对接与捕获机构的研制过程中，主要经历设计（包括分析）、制造和试验三个阶段。设计是把航天器系统对对接与捕获机构的要求转化为可实施的具体文件和图样；制造是把设计意图转化为实际的产品；试验是对对接与捕获机构产品进行模拟飞行条件下的地面验证。其中，设计与分析是研制过程中的重点，也是本书的重要内容。

分析为设计提供定量的依据，同时又对设计的结果进行验证。在航天器对接与捕获机构研制中，设计和分析是两个密切相关的环节，往往要经过从分析到设计，再从设计到分析的多次迭代过程，才能得到最终的设计结果。因此，广义地说，分析也可认为是设计工作的一个部分，有时为了叙述方便，把设计与分析合称为设计。由于分析工作的专业性、复杂性和重要性，故本书第 3 章做专题论述。

本章重点论述对接与捕获机构的设计内容，强调在一般航天器机构设计基础上对接与捕获机构的独特性。本章主要介绍了对接与捕获机构的设计要求、系统方案、捕获设计、缓冲设计和锁定与分离设计。

2.2　设计要求

航天器对接与捕获机构的主要设计要求包括：功能要求、性能指标要求、接口要求。根据任务需求的不同，所有对接与捕获机构在保证连接（对接）、碰撞缓冲、释放、分离等基本功能的同时，还需要提供各种功能接口，包括电路、气路和液路连接等。

2.2.1　功能要求

一般地说，航天器机构的功能是：在航天器发射入轨后实现各种动作或运动，使航天器或者其部件或附件处于要求的工作状态或工作位置。在上述航天器机构总功能的前提下，航天器对接与捕获机构还具有不同的具体功能，大致可分为折叠压紧功能、捕获功能、缓冲功能、锁定功能、导通功能、分离功能等。

（1）折叠压紧功能

折叠压紧功能是指对接与捕获机构的主动端、被动端各自入轨上行阶段，或入轨后单独飞行阶段应处于折叠收拢且压紧的状态。

（2）捕获功能

捕获功能是对接与捕获机构的核心功能，其隐含的功能包括机构展开、姿态调整、捕获连接等功能，这是对接与捕获机构的主动端与被动端建立初始接触的环节，它是对需要运动部件的一种"暂时"性的抓持和连接。

（3）缓冲功能

缓冲功能是对接与捕获机构实现捕获功能后的任务延续，确保产生动作或运动的主动端与被动端或两航天器间的相对动量、能量交换能够被指定的缓冲机构吸收而不传递至其余组件上，不产生非正常运动和造成过大变形或损坏，缓冲功能是航天器机构应用广泛且非常重要的功能。

（4）锁定功能

锁定功能是对接与捕获机构完成捕获、缓冲任务后建立刚性连接的过程，锁定后对接与捕获机构成为两航天器主传力路径上的一个环节，需要提供连接、支撑、承载功能，必要时锁定功能可与分离释放功能进行耦合设计，在锁定过程中在连接面上预置弹性元件储备弹性势能作为分离时的动力源。

（5）导通功能

导通功能是对接与捕获机构的最终任务，用于建立两航天器间的电能、信息、热量、流体工质的导通，实现两航天器的功率流、信息流、介质流的交互。

（6）分离功能

分离功能是对接与捕获机构解锁释放模式下的分开功能，需要主动端与被动端在给定方向、速度下分离。必要时分离功能与锁定功能可进行耦合设计。

2.2.2　性能指标要求

性能指标要求是在接口约束和环境条件的前提下，对对接与捕获机构功能要求的量化。对接与捕获机构的性能指标与其功能原理相关联，功能不同，装置性能指标的差异会很大，如包带类星箭解锁装置，通常要求解锁冲击及动包络在一定范围内，而国际空间站上的连杆式停泊装置，通常要明确伸出时间、捕获时间、锁紧力等指标。虽然不同对接与捕获机构的具体要求一般不同，但通常都包括以下内容。

（1）刚度指标

通常来讲对接与捕获机构的刚度越高越好，这一方面可以避免与整个航天器产生共振，另一方面能确保对接与捕获机构在承受外部载荷时不易发生变形。对接与捕获机构的刚度由传力路径上的所有部件来决定，如弹簧、销、轴承等，传力路径上柔性部件越多，刚度越差。由于对接与捕获机构通常由主动端和被动端两部分组成，因此其刚度的匹配性设计也非常重要，应确保两者刚度在同一量级。

（2）容差指标

容差是指在某种位置和姿态条件（位姿条件）下，对接与捕获机构具备完成设定任务的能力，是对接与捕获机构的一项重要指标。容差包括对接与捕获机构主动端和被动端之间的相对距离、相对角度、相对速度、相对角速度等条件。容差能力高的对接与捕获机构易于实现自主对接，如日本卡爪式对接与捕获机构则属于一种容差能力较弱的机构，通常需要机械臂的辅助作用来确保所需的位置和姿态条件。

（3）寿命指标

对接与捕获机构的寿命指标可以分为两个层面：时间寿命和工作次数寿命。在设计要求中通常对时间寿命和工作次数寿命都明确约定。时间寿命包括地面组装测试周期、在轨工作周期，一般以年为单位。在轨工作周期可分为主动端和被动端单独在轨贮存的周期、主动端和被动端连接锁定后（带载模式）的工作周期。工作次数寿命指对接与捕获机构的工作次数，一般可以由对接与分离的次数来约定，包括地面试验次数和在轨工作次数，约定时应考虑一定的余量或裕度。

2.2.3　接口要求

接口通常可分为机械接口、电接口、热接口，但不是每一个对接与捕获机构都包括上述三类接口。接口参数的最终确定通常需要对接与捕获机构设计师与上级设计师进行多轮讨论、迭代，以确保单机和系统间的指标匹配性以及系统指标的最优化。接口参数确定的通用准则是保证接口复杂度低，安装操作方便，所需的专用工具少，操作结果易于检验。

2.2.3.1　机械接口

机械接口性能指标参数包括装置重量、安装位置、安装截面形状、连接方式、位置精度、装置静包络和动包络尺寸等。其中对系统影响最大的是重量和包络尺寸，这两种参数会影响整个航天器的设备布局、质心位置和惯量等。另外，对接与捕获机构的动包络对其周边设备的干涉影响也需要重点关注。

（1）重量

对于所有航天器对接与捕获机构乃至所有航天器机构产品来说，重量是一个关键参数，减重是航天器产品设计永恒的主题。对于对接与捕获机构来说，可以从以下几方面入手开展减重工作：

1）选用低密度材料。在满足强度和刚度指标的前提下，选用复合材料或者铝、镁等低密度的金属材料，但该措施可能导致材料及加工成本增加。

2）避免过度冗余。为提高可靠性，对接与捕获机构通常采用冗余设计，如电机绕组备份、检测信号装置备份等，这些都会增加产品重量，所以要控制冗余程度，避免过度冗余。

3）采用适当的安全裕度。对接与捕获机构设计中，关键承载部件金属材料极限强度裕度一般不小于 0.2，复合材料承载强度裕度一般不小于 0.25；机构的静力矩裕度一般不小于 1，动力矩裕度一般不小于 0.25。

（2）包络尺寸

包络尺寸用于约束对接与捕获机构的外形尺寸。由于对接与捕获机构收拢和展开状态的外形尺寸差别较大，从收拢到展开的过程中外形尺寸（动包络）也是一个变化的过程。设计师要特别关注对接与捕获机构的动包络及其与周边设备之间的干涉情况，通常需要装置设计师与系统布局设计师经过几轮迭代论证才能确定最终的包络。同时对接与捕获机构的设计师应尽可能降低机构运动轨迹的复杂性，使动包络的范围最小，以降低系统布局的难度。

2.2.3.2　电接口

建立电路通路即保持连接器电路的畅通，是对接与捕获机构的一项基本功能。电接口可以分为两类：一类是维持对接与捕获机构自身工作的电接口；另一类是通过对接与捕获机构实现导通的电接口。

维持对接与捕获机构自身工作的电接口包括装置的功耗、控制、遥测等强电、弱电要求，与常规空间机构的电接口相似。其中功耗指标（强电指标）对系统的影响较大，会影响整个航天器的电源分配，需要特别关注。功耗又可以分为常时功耗和瞬时功耗：常时功耗指维持开机的最小功耗，是长期需要的；瞬时功耗指考虑产品各种故障模式下的最大功耗，为短时需要的。因此，常时功耗一般远小于瞬时功耗。

对接与捕获机构实现通路的电接口是指通过对接与捕获机构对接界面的导通（"过路"电）需求。如总线接口、以太网接口、强电接口等。通常采用在主动端和被动端上配置对偶的电连接器实现，并对电连接器的类型、插接方式、插拔力以及导向、安装的几何公差等提出要求。对多个电连接器之间或单个电连接器内部还要明确电连接器内的插针排布、接点对应关系、强弱电隔离布局等要求。

2.2.3.3　热接口

航天器对接与捕获机构由于其功能的特殊性，需要在轨多次工作、重复开关机，其面临的热环境条件通常较为苛刻，为此需要对其进行温度控制。热接口是为了满足对接与捕获机构的热环境要求而向航天器总体索取资源的协议，包括所需的功耗以及相应热管、电加热器件、热控多层等，以及这些热控器件和对接与捕获机构的安装方式、实施细节等。

2.3　系统方案

航天器对接与捕获机构的研制是一个过程，它从确定要求开始，直到交付适合发射和使用的航天器产品为止。航天产品的研制一般要经过可行性论证阶段、方案阶段、初样阶段、正样阶段，在各个研制阶段将完成不同的任务，如图2-1所示。

（1）可行性论证阶段

可行性论证阶段是在开始正式研制过程的前期工作。对于比较成熟的航天器机构产品，可以简化或不进行这个阶段的工作。对准备进行研制的对接与捕获机构分析其任务需求，了解其初步要求，在综合分析基础上得到各种对接与捕获机构方案设想，分析其实现的可行性，并在与航天器系统设计协调基础上，不断地论证和修正方案建议，达到在航天器系统方案中可行的程度。在必要时，可针对可行方案中识别的关键技术提前开展技术攻关工作。

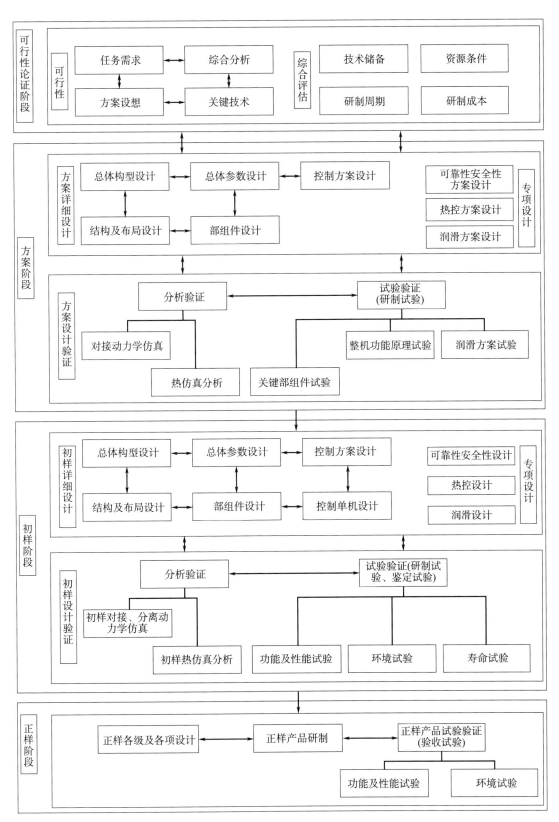

图 2-1 对接与捕获机构一般研制流程图

（2）方案阶段

方案阶段是航天器对接与捕获机构正式研制工作的开始阶段。在该阶段，要提出和确定完整的对接与捕获机构方案，方案设计的目的是确认和修正任务对对接与捕获机构的要求，并依据任务要求和实际条件提出和筛选各个对接与捕获机构方案。方案设计不要求细节设计，但要求进行系统性的设计、资源分配和分析，并确认可以满足设计要求。方案确定后，必须对方案进行验证，以证实方案设计的合理性，对方案的验证一般采取分析、类比等方法进行。对构型和布局要求的验证可以结合系统方案的验证，采用计算机模型等方式进行。

（3）初样阶段

初样阶段也称为鉴定阶段，其重点是通过初样产品的设计、制造和试验，对航天器对接与捕获机构的设计进行全面鉴定，包括：对设计要求的符合程度；所采用的分析方法和分析结果的正确性；所采用的材料和工艺的合理性和可行性；所需地面试验的合理性和可行性；可靠性和质量保证措施。初样设计是航天器结构和机构制造的依据，初样设计的好坏将直接影响航天器对接与捕获机构产品的性能和质量，因此它是研制过程中非常重要的环节，初样产品制造包括零部件制造、零部件验收、产品装配和产品验收等全部环节。初样阶段评审作为初样阶段的结束标志，对航天器对接与捕获机构的技术状态进行最终的确认。

（4）正样阶段

正样阶段也称为验收阶段，其重点是通过正样产品的设计、制造和试验，全面验收航天器对接与捕获机构的飞行产品，包括：针对初样研制中发现的问题，对设计和制造工艺进行改进；通过生产过程中的验收和质量保证措施，确保飞行产品的质量；通过验收试验确认正样产品满足飞行要求。在完成所有的验收试验和相关测试后，应对正样设计、工艺过程、检验和验收试验的数据和结果进行全面总结和评估。出厂评审是对评估的结论进行审核，包括：验收试验验证的符合程度、整个研制过程中遇到所有问题的解决方案和方法、从初样阶段评审以来对设计的更改和追踪、对设计风险的工程评价，以及发射工作的准备。

本书不针对每个阶段的研制工作逐项开展论述，仅就航天器对接与捕获机构研制中通用的技术问题进行阐释。对接与捕获机构作为一种典型的航天器机构，设计时需要遵循一般航天器机构的设计原则。除了常规的任务分析和方案论证外，其设计过程需要重点关注构型布局设计、预紧力设计、对接容差设计、试验设计等方面的内容。

2.3.1　任务分析

任务分析是对对接与捕获机构全寿命周期内功能要求、性能要求、工作环境条件等的全面梳理。它一般沿时间维度开展，从产品方案论证开始、经详细设计、硬件投产、集成测试，直至产品寿命末期为止。通过任务分析明确各任务阶段产品的工作模式、工作特点、工作时间、环境条件等，同时识别已有设计要求中可能遗漏的指标，并进行必要的补充、分解或细化。

2.3.2　方案论证

方案论证是结合设计要求和任务分析，提出能够满足上述要求的几种备选方案，并对备选方案进行比较、选优的过程。方案论证过程中的对比项目、评定标准通常难以规范、限定，不同设计师的思路会有所不同，因此方案论证过程也是设计师水平的体现过程。

方案论证的主要思路是围绕设计要求的功能和性能指标要求以及环境条件等，开展相应的方案设计，在满足指标要求的基础上，以"两低一少"的标准优选方案，即产品实现难度低、成本造价低、对航天器的反约束少。方案论证过程中很重要的一项工作是回答设计结果对设计要求的满足程度，以及为满足设计要求需要对航天器提出的反约束条件。

2.3.3　构型布局设计

构型布局设计属于对接与捕获机构的总体设计内容，在该环节需要设计师结合设计要求提出总体构型、机构原理、组成模块、接口形式等，并评估设计方案的合理性、可行性，以及方案实现的难易程度、成本代价。在该环节通常需要提出能够满足上述设计要求的两种以上方案，通过优选确定最终方案，作为后续详细设计的依据。

2.3.4　对接容差设计

对接容差设计是对接与捕获机构所独有的设计内容，是建立刚性连接的前提。在重量、外形尺寸的限制下，应使对接容差尽可能大，即对接与捕获机构主动端与被动端相互适应的容量尽可能大。包括 3 个方向的相对位置容限、相对速度容限以及相对角速度容限。对接容差设计是对接与捕获机构设计的重要内容，该设计初步完成后还常常采用 Adams 等商业软件进行运动学和动力学分析验证。

2.3.5　抗力学载荷设计

对接与捕获机构抗力学载荷设计的本质是刚度设计和强度设计。刚度设计保证机构抵抗变形的能力，强度设计保证外载作用下机构不发生破坏的能力。无论是刚度设计还是强度设计，其依据都是界面载荷。

所谓界面载荷是指对接与捕获机构与航天器连接界面上承受的力学载荷。大多数情况下，外载荷不是直接作用在界面上，而是通过相应连接传递到界面上。当上级设计师不能直接给出界面载荷时，需要对接与捕获机构设计师通过任务剖面分析，梳理、识别出界面载荷，该过程具有一定的技术挑战性。

为保证主动端与被动端对接后航天器组合体的刚度特性，实现连接界面不发生开缝的目标，需对对接与捕获机构施加一定的预紧载荷。只要界面载荷不超过预紧载荷，对接与捕获机构就不会发生失效。所以对接与捕获机构的力学设计又变为预紧力设计，预紧载荷也成为对接与捕获机构强度初步设计的依据之一。

2.3.5.1　界面载荷来源

(1) 发射段载荷

对接与捕获机构的发射段载荷即从地面起飞到入轨过程中的载荷，是航天器的主要外载荷。通常运载火箭会给出发射段航天器的准静态载荷系数（以重力加速度为单位的加速度值），外载荷可通过准静态载荷系数结合航天器质量、质心计算获得。

(2) 重力载荷

如果对接与捕获机构在地面装配时受到连接件的重力作用，那么相应的构件将由此产生额外变形，又称为重力变形。航天器入轨后，连接件的重力作用消失，重力变形将在相应构件中重新分配，进而导致对接与捕获机构预紧力变化，因此需特别关注重力载荷对预紧力的影响。

(3) 分离载荷

对于具有分离功能的对接与捕获机构，如果采用储能方式实现分离，则对接与捕获机构还要受到分离载荷的作用。

(4) 密封载荷

对于连接面具有密封功能要求的对接与捕获机构，在预紧载荷和外载荷共同作用下，剩余预紧载荷应满足密封件的最小变形量要求，以确保密封可靠。

(5) 对接载荷

在对接与捕获机构主动端和被动端对接时，会带来相应的冲击载荷，简称对接载荷。该载荷和对接与捕获机构的工作原理有关，其大小受主动端和被动端所连接的航天器的质量、惯量、相对速度、相对加速度以及对接时两者之间相对位姿的影响。

(6) 在轨传递冲击载荷

在对接与捕获机构主动端与被动端对接锁定模式下，如果有第三个航天器再次对接，由此会使对接与捕获机构再次受到较大的冲击载荷。

上述载荷统称为界面载荷。通常界面载荷由前述载荷中的数项叠加而成。

2.3.5.2　预紧力分析

对接与捕获机构主动端和被动端的对接面一般通过一组连接点实现连接、锁紧，与相应连接点对应的传力路径上的构件称为连接件与被连接件，如图 2-2 所示。假设连接件与被连接件都是弹性体，且对接面始终不开缝，则在横向载荷（弯矩）作用下被动端相对主动端有绕中心轴线翻转的趋势。以中心轴线为界，在轴线的一侧受拉（图 2-2 所示阴影区域），另一侧受压。则根据静力平衡条件

$$F_1 r_1 + F_2 r_2 + \cdots + F_n r_n = M \tag{2-1}$$

式中　n ——压紧点个数；

　　　F_n ——第 n 个压紧点的等效轴向力；

　　　r_n ——第 n 个压紧点处的力臂。

假设连接件与被连接件的拉压刚度相同，根据变形协调条件，各连接件的拉伸变形量与力臂成正比。即

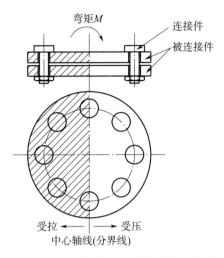

图 2-2　连接件与被连接件受载示意图

$$\frac{F_1}{r_1} = \frac{F_2}{r_2} = \cdots = \frac{F_n}{r_n} \qquad (2-2)$$

由式（2-1）和式（2-2）可得

$$F_n = \frac{Mr_n}{\sum\limits_{i=1}^{n} r_i^2} \qquad (2-3)$$

由式（2-3）可知，在弯矩 M 的作用下，不同连接点所承受的载荷是不同的。通常将 n 个点中等效轴向力值最大的 F_n 记为 F_{max}。在实际工程研制中，考虑到工程实施的方便性以及弯矩载荷方向的随机性，在每个连接点都施加最大值。因此横向弯矩等效后的等效轴向总载荷 F_z 为

$$F_z = n \cdot F_{max} \qquad (2-4)$$

界面载荷产生于任务全周期的不同阶段，在对界面载荷进行分析时应区别对待，通常界面载荷由界面的拉力、压强、弯矩、扭矩等构成，需要通过受力分析确定界面载荷在对接面上的等效结果，式（2-5）中 F_{w_1} 为发射段载荷，F_{w_2} 为在轨传递载荷，F_{w_3} 为对接冲击载荷，综合评估载荷的最大包络后得到 F_w 即为界面的等效轴向载荷

$$\begin{cases} F_{w_1} = F_L + F_g \\ F_{w_2} = F_n + F_f + F_m \\ F_{w_3} = F_d \end{cases} \qquad (2-5)$$

式中　F_L ——对接与捕获机构的发射段载荷；

　　　F_g ——对接与捕获机构承受的重力载荷；

　　　F_f ——对接与捕获机构分离面的分离载荷；

　　　F_m ——对接与捕获机构承受的密封载荷；

　　　F_d ——对接与捕获机构承受的对接冲击载荷。

对接与捕获机构施加的预紧载荷应满足预紧力和外载荷共同作用下连接界面的密封要求，无密封要求时应保证对接面不开缝。以式（2-5）中 F_{w_1}、F_{w_2}、F_{w_3} 三者的最大值作为设计外载荷 F_p。

为了保证连接的刚度，确保航天器在全任务周期内任何载荷作用下，主动端与被动端之间均不产生开缝现象，同时避免因施加的预紧力过大，而使机构承受外载荷的能力降低，需要合理确定所需的预紧力，并采用适当方法对相应的机构准确施加预紧力。

2.3.6 热设计

热设计的目标是确保对接与捕获机构上的各部组件都能工作在预期的温度范围内，保证全任务周期内对接与捕获机构的温度范围不超限。通常情况下地面存储、运输以及发射段的温度环境较为温和，这是因为地面存储、运输阶段环境温度的调控较为方便，而发射段的时间较短，因此该阶段的温度波动幅值一般不大。

对接与捕获机构随航天器入轨后的空间环境最为恶劣，例如在太阳直射下，航天器的表面温度可达到 100 ℃ 以上；相反背光面温度可能达到 -100 ℃。因此在轨工作阶段必须梳理具体的工作模式、轨道高度、光照周期，据此判断具体的温度范围。

热设计主要针对对接与捕获机构在轨飞行阶段的高低温环境，确保此阶段的温度范围不超出各部组件的预期工作温度范围。

热分析是有效开展热设计的前提。热分析时需要考虑对接与捕获机构内部及外部的热影响因素。

内部的热环境影响因素包括：

1）所有内部发热组件的位置和发热量，包括不同工作模式下的发热量变化以及异常工作模式下发热量增加或衰减情况；

2）部组件的尺寸和局部热流，允许的温度变化范围及温度变化速率；

3）对接与捕获机构的部组件之间热量传递途径；

4）热控实施的空间和可利用的散热面积及相应组件的材料、表面状态及安装方式。

外部的热环境影响因素包括：

1）对接与捕获机构所在航天器的轨道参数，包括轨道高度、轨道倾角、遮光持续时间等；

2）对太阳的定向、对地球的视角或邻近物体的视角姿态参数；

3）与距太阳距离成函数关系的太阳辐射密度；

4）邻近行星体的红外辐射和发射率。

热分析可采取理论估算和模型分析两种方法。理论估算常给出上限值和下限值，估值范围较宽，结果不如模型分析方法准确。模型分析常采用商业软件，如 Thermal Desktop（简记为 TD）进行精确建模分析，进而提供较准确的分析结果。

在整个热设计过程中至少需开展两轮热分析工作。第一轮是不考虑热控措施的分析结果，以该轮结果为参照，热设计师评估对接与捕获机构各部组件温度超限情况，并开展主动或被动热设计。第二轮分析是在有热控措施下给出的结果，并核对与设计指标的符合情况。满足指标则热设计完成，不满足则需要完善热设计并重新进行热分析，再核对指标符合情况。

热设计时，采取的热控措施按照其是否有功耗可分为主动热控和被动热控。

主动热控措施的种类很多，例如加热器、百叶窗、热管、辐射器等。主动热控措施的选取需结合对接与捕获机构整机热耗和热接口状态等确定。

被动热控措施是指利用多层隔热组件对热控对象进行热包覆。多层隔热组件由多层芯、双面镀铝聚酰亚胺薄膜和外表面膜组成。多层芯由反射屏和间隔层相互迭合组成，反射屏为双面镀铝聚酯膜，间隔层为涤纶网，一层反射屏和一层间隔层为一个单元。多层芯之外为三层双面镀铝聚酰亚胺薄膜，最外层的外表面膜为一层无毒阻燃布。常见的被动热控措施还包括热控涂层，它属于改变产品表面状态（发射率和吸收率）的一种热控措施。

2.3.7　润滑设计

2.3.7.1　一般要求

航天器对接与捕获机构润滑设计的一般要求如下：

1) 在设计中，应对运动副进行润滑设计，保证其在寿命期内润滑性能满足要求；

2) 润滑设计时应综合考虑环境、寿命、接触压强、温度、运动次数、运动副的运行速度等影响因素，并优先选择经过鉴定或具有飞行经历的成熟工艺；

3) 应对润滑剂在地面和在轨环境下的润滑性能退化情况进行验证，保证其性能在寿命周期内满足要求；

4) 一般应避免使用滑动副，如果必须使用滑动副，那么滑动副的一个表面应选用硬度较高的材料，并对另一个面应进行润滑或者选择自润滑材料（如聚酰亚胺等）；

5) 对于相互接触、滑动的金属运动副，一般应选择不同的材料；

6) 对于有预紧要求的轴系，在预紧载荷设计时，应考虑预紧载荷引起的接触应力对固体润滑膜摩擦特性和寿命的影响；

7) 应根据使用条件和寿命要求对润滑材料的选型合理性及用量进行评估。

2.3.7.2　固体润滑

固体润滑要求如下：

1) 固体润滑不应降低基体材料的力学和物理性能；

2) 固体润滑材料应与基体材料良好地结合；

3) 应保证基体表面粗糙度与固体润滑膜层厚度相匹配；

4) 运动副间的最大赫兹接触应力一般应不大于基体材料的屈服极限；

5) 为保证基体材料力学性能不下降，基体材料的热处理温度应高于固体润滑膜层的制备工艺温度；

6) 应采取防护措施，避免磨屑堆积引起的阻力或阻力矩异常增大，并防止微重力环境下磨屑的形态变化对其他部位造成影响；

7）应采用相同工艺方法对运动副及其试样进行润滑，并保证试样的材料、表面粗糙度、表面洁净度和表面方向与运动副一致；

8）应对试样上润滑膜的厚度和附着力进行检验。

2.3.7.3　油/油脂润滑

油/油脂润滑要求如下：

1）油/油脂润滑的用量，应保证在机构寿命末期时具有一定的余量；

2）应考虑润滑剂的放气、爬移以及被吸收或性能退化等因素对有效用量的影响；

3）应对地面存储期间的暴露环境、重力影响，以及地面或在轨运动加速度对油/油脂润滑分布的影响进行评估；

4）应对油/油脂润滑的真空总质量损失进行测量或评估，润滑材料的真空总质量损失应符合相应寿命的质损率的要求；

5）油/油脂润滑设计一般应采取防爬移措施；

6）应使用适当的措施（如紫外探测等）对防爬移措施的有效性进行检验。

2.4　捕获设计

捕获功能是对接与捕获机构的核心功能，其隐含的功能包括机构展开、姿态调整、捕获校正等功能，这是对接与捕获机构的主动端与被动端建立初始接触的环节，它是对需要运动部件的一种"暂时"性的抓持和位置约束。

对接与捕获机构的捕获设计原则遵循：

1）捕获机构具有足够的柔性环节或运动自由度，不可因捕获时的接触碰撞产生结构破坏；

2）完成捕获建立初始接触后，主动端和被动端可不产生刚性连接关系，但捕获机构需有一定的位置约束措施（预锁紧），保证主动端和被动端不在外力作用下脱离。

2.4.1　捕获对象分析

由于航天器及其机构在轨处于浮动状态，对接与捕获机构的首要任务是在一定的位姿容差条件下实现捕获。航天器间建立捕获的难点在于初始对接与捕获时存在一定的位姿偏差及速度偏差。对接与捕获机构的作用在于克服/利用这一偏差并建立软连接。

在对接与捕获任务中，对接与捕获机构要相继完成如下基本作业：缓冲、初始偏差补偿、捕获（形成首次连接）、校正、拉近、对接面贴合、对接面密封与锁紧（形成二次连接）。对载人航天器对接与捕获机构而言，辅助作业包括开舱门、电气与工质导通、通道舱内压强调节、密封性检查等步骤。为方便航天员穿过，用于载人航天器的对接与捕获机构中间留有通道，这项设计要求导致对接与捕获机构尺寸庞大、功能复杂、自主性较差，而面向在轨服务的无人自主对接与捕获机构最突出的特点是自主性，且为了迎合自主服务航天器的小型化趋势，新的对接与捕获机构设计需满足：接口通用性强、捕获快速、包络尺度小、可靠性高、功耗低。

　　对接与捕获的初始条件的优劣决定了对接与捕获机构的复杂程度，表 2-1 总结了已有载人航天器所用的对接与捕获机构的容差初始条件，从表中数据可见，随着航天器控制精度的不断提高，国外对接与捕获机构的容差初始条件范围有不断减小的趋势。所以，针对不同的捕获对象，捕获设计亦应有差别化的区分。

表 2-1　航天器对接初始条件

航天器	对接与捕获机构	研制年份	轴向逼近速度/(cm/s)	最大横向速度/(cm/s)	角速度/[(°)/s]		角偏差/(°)		横向偏差/cm
					俯仰偏航	滚转	俯仰偏航	滚转	
阿波罗指令舱与登月舱	杆锥式	20 世纪 60 年代中期	3～30	15	1	1	10	10	30
联盟号飞船与和平号空间站	杆锥式	1971—1999	10～35	10	1	1	7	15	34
阿波罗飞船与联盟号飞船	APAS-75	1973—1975	10～30	10	0.7	0.7	5	5	30
航天飞机与和平号空间站	APAS-89	1989—1998	1～10	4.5	0.2	0.2	4	4	11
Hermes-Columbus（项目中止）	Hermes-Columbus 对接与捕获机构	1989—1993	0～2.5	0.5	0.1	0.1	2	2	4
机械臂停靠的舱段与国际空间站	通用停泊机构（CBM）	1988—1999	0～4.9	4.6	0.52	0.2	1.5	1.5	7.6
乘员返回器与国际空间站	国际停泊对接机构（IBDM）	2000—	0～5	3	0.2	0.2	1.5	1.5	7.6
神舟号载人飞船	内翻周边式对接机构	2000—	10～35	10	0.7	0.7	4	4	15

2.4.2　捕获技术

　　目前已经出现的对接与捕获机构主要可以归纳为两种类型。一是应用于载人航天器的大型对接与捕获机构，这类机构的特点在于可靠性高，能够满足密封性要求，中间留有乘员通过的通道，这种机构包括苏联及美国的杆锥式对接与捕获机构、异体同构外翻周边式对接与捕获机构、异体同构内翻周边式对接与捕获机构、弱撞击对接与捕获机构等。二是以在轨服务为背景提出的小型无人自主对接与捕获机构，这种机构具有质量小、连接分离速度快、自主化程度高等特点，典型示例包括轨道快车、ETS-Ⅶ 及 SPHERES 项目中的对接与捕获机构等。

2.4.2.1　杆锥式捕获技术

在载人航天技术发展历程中，杆锥式捕获技术是出现最早和应用最广泛的一类捕获技术，常见杆锥式捕获机构通常利用两航天器的相对速度建立碰撞，实现接触后的插入导向和校正捕获。

美国轨道快车项目论证过程中提出了一种典型的轻量化柔性杆锥式对接与捕获机构，结构简单，质量轻便，其原理如图 2-3 所示，锁紧过程为电机驱动机构内的丝杠转动，杆锥在移动支架的带动下逐渐伸出并在锥孔锥面的导向作用下滑入锁定装置，由底部的锁定爪抱住中心杆头部完成软连接捕获。捕获后电机开始反转，通过杆锥和锥面的相互作用，主动端和被动端调整相对位姿态，完成对应的机构校正。

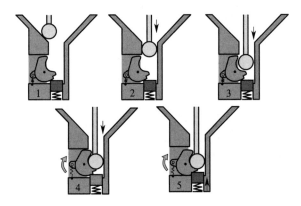

图 2-3　轨道快车杆锥式对接与捕获机构工作过程

当前国际空间站的异体同构式对接与捕获机构采用了三瓣式捕获技术，其本质上是杆锥式捕获机构的衍生变形，原理如图 2-4 所示。捕获过程中，两对接环端面逐渐靠近后，主动端的捕获锁锁舌与被动端的卡板器互相碰撞，锁舌在撞击力作用下，缩进锁腔，弹簧组受力变形并储存能量。捕获过程如图 2-5 所示，当卡板器进入之后，弹簧组将锁舌快速复位弹出，从而将被动航天器对接与捕获机构上的卡板器捕获。在设定的角度范围内，捕获锁机构自锁。解锁时，通过电机带动机构或采用备份解锁方式，解除自锁。

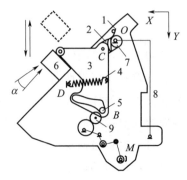

图 2-4　异体同构式对接与捕获机构原理

1—扭簧；2—摆杆；3—锁舌；4—拉簧；5—销轴；6—卡板器；7—偏心轴；8—手动解锁手柄；9—电动解锁机构

(a) 卡板器下压锁舌　　　(b) 锁舌最大运动角　　　(c) 锁舌回弹　　　(d) 捕获完成

图 2-5　异体同构式对接与捕获机构工作过程

2.4.2.2　多爪式捕获技术

随着空间控推能力的进步和在轨服务技术的发展，在空间机械臂的精确操控介入下，航天器对接与捕获机构具有比较好的容差初始条件，抓取式捕获技术正是在这种条件下应运而生，由于其具有更低冲击、更简化构型、更可靠捕获、更强校正能力等特点，广泛应用于各国的在轨服务任务论证和飞行试验中。

轨道快车项目的三爪式对接与捕获机构形式简单，结构紧凑。对接初始条件为航天器相对悬停，当判断目标航天器上被动端进入主动端捕获包络线以内时，由主动端启动对接过程，依次完成捕获、拉紧、校正、锁定等步骤，并建立液体及电气连接。轨道快车项目另外的对接与捕获方式是使用机械臂将目标抓到对接与捕获机构的包络线内之后，再启动上述对接与捕获过程。三爪式对接与捕获机构已完成在轨飞行试验，其实物在轨工作过程如图 2-6 所示。

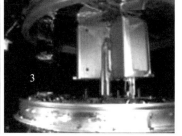

图 2-6　三爪式对接与捕获机构

ETS-Ⅶ项目研发的卡爪式对接与捕获机构如图 2-7 所示，具有捕获、对接、校正及分离功能，对接与捕获机构的主动端与被动端分别装配在主动航天器和被动航天器的对接面板上，主动端主要由 3 套卡爪构成，执行捕获动作时 3 套卡爪捕获被动端对应的 3 套把手，并通过卡爪的合拢固定把手，建立连接关系。释放分离过程是捕获的逆过程。

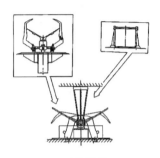

(a) 主动端-卡爪   (b) 被动端-把手   (c) 工作原理

图 2-7 ETS-Ⅶ卡爪式对接与捕获机构

2.4.2.3 电磁式捕获技术

基于航天器推进系统支持的传统空间对接与捕获技术存在推进剂消耗与喷射，推力器喷射出的工质会造成羽流污染，对航天器上光学仪器、敏感器件等造成损害；与此同时，在空间交会对接的最后阶段中，推力器为关闭状态，采用无控制力、完全依靠惯性完成对接与捕获任务，此对接与捕获技术称为"硬对接"，缺乏有效应对突发情况的能力。为有效解决上述问题，一种基于电磁原理的捕获技术成为研究热点，电磁式捕获技术采用航天器所携带电磁装置产生的电磁力作为控制力来完成或辅助完成对接与捕获，不仅能够有效避免上述羽流污染或硬对接问题的发生，而且具有同步、连续、可逆及非接触控制的优点，通过电磁力的精确控制，理论上可实现对接与捕获的零冲击，与杆锥式捕获技术集成应用可获得超低冲击的"软对接"效果。

电磁式捕获技术的核心在于电磁力的精确控制策略，典型的电磁捕获装置拓扑结构由三部分组成：控制器、主线圈和副线圈。其中主线圈提供主要电磁力，副线圈负责在杆锥到达锥孔附近时调整两航天器的相对姿态，副线圈的个数根据锥孔和杆锥设计的个数进行确定。

主线圈位于两航天器的对接面上，主动端和被动端设计完全相同，对称布局，是电磁对接和分离过程中的主要执行机构，通过控制电流，产生量化可控的电磁力。线圈的拓扑结构有两种方案，如图 2-8 所示。方案一只采用大线圈进行电磁捕获和分离，控制量少，系统简单，但是由于对接与捕获过程中会产生杆锥和锥孔碰撞情况，会导致两航天器受冲击力弹开，从而造成两航天器在锥孔口处频繁碰撞。在方案一的基础上，方案二在杆锥的外壁和锥孔的内壁分别布置相应副线圈，每个副线圈均可提供电磁力，可产生更多的调整策略。相比方案一，方案二控制策略更加复杂，系统的重量和功耗更高，但是捕获灵敏度和可靠度更高。两航天器通常需要配置无线传输功能，电磁捕获过程中，通过航天器间位置测量和电磁力测量，进行数据互换，完成控制闭环。被动端周期性地向主动端传输自身控制电流、系统状态等关键数据，并且被动端可接收主动端传输的电流控制等指令，并执行相应的指令以实现少碰撞或无碰撞。

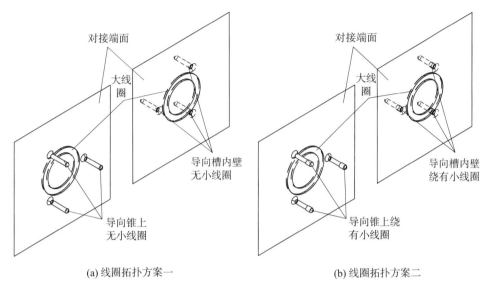

(a) 线圈拓扑方案一　　　　　　　　(b) 线圈拓扑方案二

图 2-8　电磁式捕获技术线圈拓扑方案

2.5　缓冲设计

航天器对接与捕获机构的缓冲设计不同于着陆缓冲机构的缓冲设计，表现为后者允许采用不可恢复变形达到缓冲效果，而前者必须保证可恢复，即对接与捕获机构的缓冲设计隐含重复使用要求。所以对接与捕获机构的缓冲方案不能采用铝蜂窝缓冲器、泡沫铝缓冲器、金属胀筒缓冲器等方案。

缓冲的字面意思是减缓冲击力，指机械在振动中缓和机械所受冲击的措施，对于对接与捕获机构而言，使对接或捕获的碰撞冲击载荷减弱的过程即是缓冲。缓冲不同于阻尼，它是利用缓冲器吸收冲击的能量，然后使其转变为热能或势能，平缓地释放以延长速率变化的时间，从而达到尽量减小机械设备所受冲击力的目的。缓冲器按照吸收能量的方式可分为机械缓冲器和流体缓冲器。机械缓冲器能将冲击动能转化为弹性元件的变形能，或用缓冲材料的内阻耗散能量；流体缓冲器用液压节流方式吸收能量，或靠气体压缩吸收能量。

阻尼是指摇荡系统或振动系统受到阻滞使能量随时间而耗散的物理现象。阻尼的功能有很多，如阻尼可以减小机械机构的共振振幅，从而避免结构因动应力达到极限造成结构破坏等。对于对接与捕获机构的缓冲设计来说，阻尼有助于降低结构传递振动的能力，使对接或捕获的碰撞冲击载荷不向远端传递，达到缓冲、减振的效果。

缓冲趋近于主动作为，阻尼则更多体现的是机构的固有特性；但由于两者的界限模糊，本书不强调其差异，故缓冲设计的实质是将两航天器对接或捕获过程中的冲击能量转化为其他形式的能量或者在允许的时间范围内将冲击能量缓慢地释放，从而实现减缓冲击载荷、保护有效载荷的目的。

缓冲机构或缓冲系统的工作过程遵守能量守恒定律。对接与捕获机构的缓冲设计原则遵循：

1）缓冲机构有足够灵活性，能实现不同捕获条件下多方向、多角度缓冲功能，且不影响捕获功能的实现；

2）缓冲机构工作过程中动作行程需与捕获过程的运动过程协调。

2.5.1 缓冲特性分析

在对接与捕获过程中，航天器位置和姿态有 6 个自由度，2 个航天器即有 12 个自由度，以载人飞船对接与捕获机构为例，分析发现各自由度上需缓冲的能量相差很大，如图 2-9 所示，因此对对接与捕获过程进行细化：对接与捕获过程中轴向需缓冲消耗的能量最大，包括航天器相对接近的动能和姿轨控推力器做的功，是需要解决的主要缓冲问题；其他方向需要缓冲的能量较小，但要求对接与捕获机构有良好的灵活性，以协调运动一致性完成捕获操作。

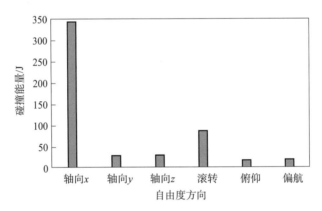

图 2-9 载人飞船对接时不同方向碰撞能量

为使两个航天器碰撞后相互靠近，通过设计恢复系数，确定捕获的性能设计准则。定义碰撞前后的速度比为恢复系数 $S = \left| \dfrac{v_k}{v_0} \right|$，此处 v_k、v_0 分别为碰撞前后的速度。纯滚转正向碰撞较难捕获，该状态下撞击结束时刻总冲量为

$$\int_0^{t_2} F \, \mathrm{d}t = (1 + S) m_e v_x^0 \qquad (2-6)$$

式中　m_e——两个航天器的等效质量（含转动惯量）；

　　　F——对接碰撞力；

　　　v_x^0——对接碰撞前的轴向速度。

当冲量与动量 $m_e v_x^0$ 相等时，航天器不再接近，此为捕获的临界条件。因此，应保证 $(1 + S) m_e v_x^0 \leqslant m_{ex} v_x^0$，此处 m_{ex} 为两个航天器轴向等效质量。

缓冲性能的设计要求是：即使在最高相对速度下，也能消耗掉两航天器间相互碰撞的动能，减小对接与捕获过程中的冲击载荷，不会造成航天器上易损设备（如太阳帆板等）的损坏。对接与捕获机构需具有缓冲对接撞击动能的能力，对接与捕获机构的缓冲能力（能容）需大于主动航天器、被动航天器相对运动和对接时姿轨控推力器工作的能量之和，即

$$W_{engine} + \frac{1}{2} m_{eq1} \left(v_{q2}\right)^2 \leqslant \int_{q_1}^{q_{max}} f\left(q, \dot{q}\right) \mathrm{d}q \qquad (2-7)$$

式中　W_{engine} ——对接与捕获时推力器工作的能量；

　　　m_{eq1} ——航天器的各向等效质量；

　　　v_{q2} ——捕获后两航天器相对运动速度；

　　　q_1 ——捕获后对接与捕获机构各方向缓冲器运动行程；

　　　q，q_{max} ——对接与捕获机构各向缓冲器运动行程及其最大值；

　　　f ——对接与捕获机构缓冲器的力。

对于单个缓冲器而言，在缓冲过程中吸收的能量（Energy Absorption，EA）满足

$$EA = \int_0^d F(x) \mathrm{d}x \qquad (2-8)$$

式中　$F(x)$ ——对接与捕获过程中瞬时冲击力；

　　　d ——有效冲击距离。

2.5.2　缓冲技术

缓冲器作为航天器对接与捕获机构的缓冲执行部件，是缓冲技术工程化的具象和载体，决定着缓冲系统缓冲性能的优劣。根据缓冲原理的不同，缓冲器可以分为液压/气压式缓冲器、电磁阻尼缓冲器、磁流变缓冲器、结构弹性变形式缓冲器。

2.5.2.1　液压/气压式缓冲技术

液压/气压式缓冲器是利用液体或气体流经阻尼孔节流形成压降而产生缓冲阻尼力来实现缓冲，并且可以通过调节流体的压强来调节压缩后缓冲支柱的行程，从而达到对接与捕获完成后姿态自恢复的目的。

以液压式缓冲器为例，液压阻尼缓冲器的结构如图 2-10 所示。它利用液体体积不可压缩的原理，即当有外力作用时，液体流经阻尼孔节流形成压降，产生所需的缓冲阻尼力，从而达到缓冲的目的。一般地，液压缓冲器为油、气混合式缓冲器。液体和气体系统的密度、压强、黏性系数等参数与温度密切相关，要得到缓冲性能稳定的缓冲器，需要设法减小温度对黏性参数的影响，缓冲力 F 的计算公式为

$$F = \left(p_f - p_0\right) \cdot \frac{d^2}{4} \pi \qquad (2-9)$$

式中　p_f ——缓冲器内部液体压强；

　　　p_0 ——外部环境压强；

　　　d ——活塞杆圆截面直径。

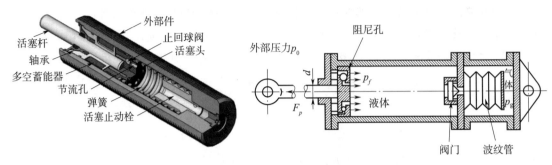

图 2 - 10　液压阻尼缓冲器结构

　　液压/气压式缓冲具有缓冲效率高、安全可靠、使用寿命长等特点，但需要做好密封和温控措施，该种缓冲器的机械摩擦较大。缓冲器液体介质的密度和黏性系数等参数与环境温度变化相关，因此保证缓冲性能需要很好地解决缓冲器的密封、温控以及介质的黏性系数稳定性问题。液压阻尼缓冲器的加工精度要求高，制造成本高。液压/气压式缓冲技术适合冲击载荷较小的情况，与其他缓冲方法相比，在冲击载荷较大时，缓冲器的体积和重量会比较大。

2.5.2.2　电磁阻尼缓冲技术

　　电磁阻尼缓冲技术是一种常用的缓冲技术。图 2 - 11 为某电磁阻尼器结构示意图，其工作原理是内外磁铁之间的间隙形成一个磁场，在外部冲击载荷的作用下，因转子旋转而产生涡流，涡流与磁场相互作用而产生阻止转子旋转的力矩，在该力矩旋转做功过程中，把冲击能量吸收掉，达到缓冲吸能的目的。

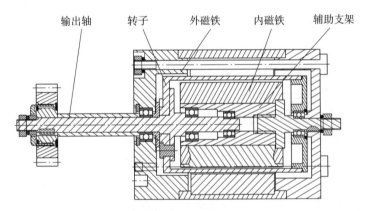

图 2 - 11　电磁阻尼器结构

　　电磁阻尼缓冲器的阻尼力与冲击速度成正比，这种特性在某些场合如航天器的对接与捕获过程中是非常有益的，其优点是不需要外部控制及外部能源，并且缓冲能力较弹簧阻尼原理强。苏联的杆锥式对接与捕获机构上就使用了这种缓冲器，该技术的缺点是：由于缓冲过程为直线运动，要充分发挥电磁阻尼的作用，一般需要附加装置把直线运动转变为旋转运动，因此结构组成相对复杂。

2.5.2.3　磁流变缓冲技术

磁流变缓冲器是利用电磁场的变化使液体的黏度发生变化而获得所需缓冲阻尼力的原理来实现缓冲功能的。磁流变液是将非胶体的细小颗粒，分散溶于绝缘载液中，从而形成的随外加磁场变化并可控制其流变行为的稳定悬浮液。在外加磁场强度不断增加的情况下，磁流液的状态可以从正常的液态变化到半固态，其黏度也随着磁场强度的变化而变化，从而可以调节磁流液阻尼力的大小。

图 2-12 为一种磁流变缓冲器结构示意图。其内部有一个储压室和一个被活塞分开的储液室，储压室内充高压氮气，在活塞上下运动时起缓冲作用，保证储液室内不产生局部真空，储压室和储液室之间被塑料隔板隔开，对阻尼器的缸底起到保护作用。在活塞上下运动时，活塞上的阻尼孔起到阻尼作用，通过外部的控制信号，给活塞中的线圈施加控制电流，在阻尼孔周围产生磁场，从而使得阻尼力可控。

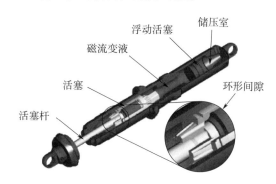

图 2-12　磁流变缓冲器结构

磁流变缓冲器体积较小，缓冲阻尼力可以连续且可逆地控制，具有半主动控制、恢复快、体积小、输入功率低、易于安装、安全可靠等优点。相比于传统的缓冲器，其优势主要有：不需要电磁阀等元件，提高了可靠性和耐久性，同时降低了结构的复杂性。磁流变缓冲器通常具有很宽的阻尼变化范围，活塞低速运行状态和较小位移变化时便可以输出很高的阻尼力，而且活塞的变化范围是对称的。

2.5.2.4　结构弹性变形式缓冲技术

结构弹性变形式缓冲技术是利用金属材料、金属橡胶材料的塑性变形实现储能，从而达到吸收航天器对接与捕获机构缓冲能量的作用。金属材料变形的缓冲技术，工程中最常用的即为压缩弹簧、碟簧以及各种形式的组合弹簧。金属橡胶缓冲器是利用金属丝之间的摩擦来消耗能量从而实现缓冲作用的，该缓冲器对于高温高压、高真空、超低温、剧烈振动等恶劣环境有较好的适应性。

图 2-13 所示为一种弹簧式缓冲器，主要由顶杆、弹簧、壳体等组成，通常布局在航天器对接与捕获机构的前端，在主动端与被动端接近过程中提供缓冲功能，防止主动端与被动端直接刚性碰撞接触，起到延长碰撞时间的作用，同时发挥储能作用，当主动端与被动端分离时释放储能，提供初始分离力。

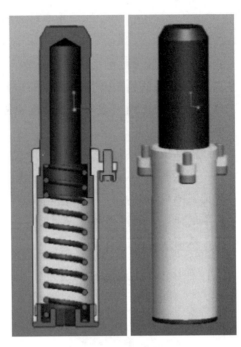

图 2-13　弹簧式缓冲器

上述 4 种缓冲技术各有优缺点，液压/气压式缓冲器具有可恢复性，可实现航天器的姿态调整；结构弹性变形式缓冲器具有结构简单、可靠，对空间环境适应性强的特点。表 2-2 从重量、缓冲介质、缓冲效率、缓冲行程、结构复杂性、缓冲力可控性、缓冲性能稳定性、环境温度敏感性、真空环境适应性等方面对 4 种缓冲器做了对比，每类缓冲器都有其自身的特点，应根据具体的应用场合、工作需求等进行合理选择。对于航天器对接与捕获机构缓冲系统的研制，通常需选用多种耦合技术实现最终功能。

表 2-2　4 种缓冲器的对比

项目	缓冲器类型			
	液压/气压式	电磁阻尼式	磁流变式	结构弹性变形式
重量	大	中	中	小
缓冲介质	氮气/硅油	电磁铁	磁流变液	金属/橡胶
缓冲效率	低	高	高	高
缓冲行程	小	中	中	大
结构复杂性	一般	简单	复杂	简单
缓冲力可控性	适中	适中	复杂	简单
缓冲性能稳定性	好	差	好	好
环境温度敏感性	较敏感,需温控	不敏感	较敏感	不敏感
真空环境适应性	差	好	差	好

2.5.3　典型缓冲系统

对于航天器对接与捕获机构而言，缓冲系统除了要保证较高的承载能力外，还要兼顾体积、质量、功耗等因素。在缓冲系统设计时通常从环境适应性、重量与功耗代价、工作寿命、可靠性等方面进行对比论证，以液压/气压式缓冲器与电动丝杠式缓冲器的选用为例：

1）环境适应性。电动丝杠式与液压/气压式缓冲器相比，不容易受到周围环境温度的影响，对高低温、真空密封需求低。

2）重量与功耗代价。电动丝杠式缓冲器占用空间小、维护方便，主要由电机和螺母丝杠副组成，机构简单，体积小，不会占用太大的工作空间。

3）工作寿命。当电动丝杠式缓冲器采用滚珠丝杠或行星滚柱丝杠时，传动部分的摩擦将大大减小，有利于减小材料磨损，提高运行稳定性，延长使用寿命。液压/气压式缓冲器在低速重载下容易产生爬行现象，且没有电动丝杠式缓冲器响应速度快、控制精度好。

4）可靠性。电动丝杠式缓冲器可以搭载先进的传感器系统，以及各种行程控制装置，对电动缸的工作状态进行检测和反馈，防止发生事故，可靠性和安全性高。

实际上任何一个航天器对接与捕获机构的缓冲系统都是综合各种缓冲总体方案及多种缓冲器特点论证的结果，而不是单一缓冲器对比实现。

2.5.3.1　差动式机电缓冲阻尼系统

神舟飞船的异体同构式对接与捕获机构（图 2－14）的缓冲系统采用了差动式缓冲原理，利用差动器将对接与捕获过程的缓冲能量分解，采用电磁阻尼器和弹簧机构、摩擦制动器等综合手段将缓冲能量进行消耗和行程调整，其缓冲原理图如图 2－15 所示。

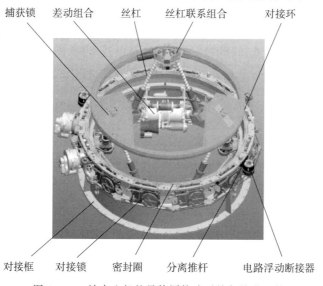

捕获锁　差动组合　丝杠　丝杠联系组合　对接环

对接框　对接锁　密封圈　分离推杆　电路浮动断接器

图 2－14　神舟飞船的异体同构式对接与捕获机构

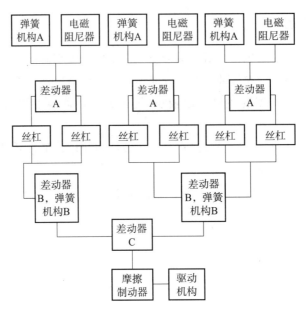

图 2 - 15   神舟飞船的异体同构式对接与捕获机构缓冲原理图

差动式缓冲系统是一个并联与串联复合的差动式机械传动机构系统，该系统允许其捕获环（图 2 - 14 中的对接框）做空间 6 自由度的任意运动，其主要性能特性为：每个缓冲作动器的作用不仅与自身的相对位移及相对速度有关，还通过 6 个缓冲作动器之间的差动联系，将其转变为 3 个平动方向和 3 个转动方向共 6 个自由度的运动，并对不同自由度方向的作用能量实施缓冲、阻尼。

差动式缓冲系统的基本组成构件有：滚珠丝杠螺杆传动副、各类弹簧机构、电磁制动器、自动调整摩擦制动器、差速器、丝杠差动组合、齿轮差动组合、失调传感器、电位器、失调定位销、定位器、电位器、驱动电机及各种齿轮传动机构。

各功能单元的分布和它们之间不同的组合，可以实现三种工况的运动，即对接开始时捕获环的平动伸出、完成捕获后捕获环的平动拉合以及对接过程中缓冲校正时捕获环 6 个自由度方向上的运动。按照运动和动力传递的顺序，又可区分为两种运动：正运动（平动伸出/拉合）和反运动（捕获环 6 个自由度运动）。

正运动的顺序为：驱动装置→副杆联系组合→丝杠联系组合→捕获环。正运动包括对接开始时捕获环的伸出和缓冲较正完成后捕获环的拉合，分别由电机正转和反转实现。

反运动的顺序为：捕获环→丝杠联系组合→副杆联系组合。反运动开始于两航天器的捕获环第一次接触，包括接触、撞击、导向滑移、捕获连接和缓冲校准全过程。

2.5.3.2   基于力反馈闭环控制缓冲系统

低冲击对接与捕获系统作为一种新型对接与捕获机构，于 20 世纪 80 年代中期由美国 NASA 首先提出。在充分继承美苏已有载人对接与捕获机构和适应国际对接系统标准的基础上，运用了机电一体化技术、电磁捕获技术、独立驱动技术等综合手段，实现完全柔性对接与缓冲，能够将对接过程中撞击力削弱甚至消除。

低冲击对接与捕获系统采用周边式构型，主要由软捕获系统（Soft Capture System，SCS）和硬捕获系统（Hard Capture System，HCS）两大部分组成。其中软捕获系统结构较为复杂，其结构组成如图 2 - 16 所示，包括闭环反馈控制系统、执行推杆、负载传感环、负载传感器、电磁铁、撞板等结构，主要完成对接的导向、预锁紧、缓冲拉紧等功能。硬捕获系统是在两航天器拉紧之后，通过结构锁建立航天器刚性连接的结构。对接环分为内外两环，在对接环外环上，均布有三个导向瓣，完成初步接触以及初步导向的作用。在内外环之间，有 6 个六维力传感器，从而确保接触力的实时反馈。在对接环内环上，安装有 3 个均匀分布的撞板和 3 个均匀分布的电磁铁，在对接与捕获过程中撞板和电磁铁接触，从而完成柔性捕获。

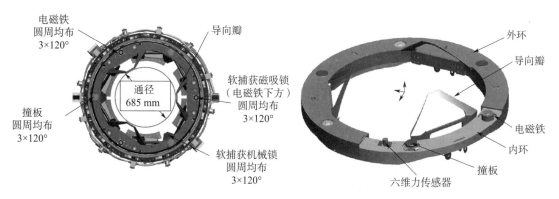

图 2 - 16　低冲击对接与捕获系统组成

低冲击对接与捕获系统的对接与捕获过程如图 2 - 17 所示，但其与一般的异体同构周边式对接与捕获机构不同，它属于带有柔性捕获的对接与捕获机构，通过异体同构的闭环反馈控制系统与带有载荷传感器的电磁捕获环实现柔性捕获。

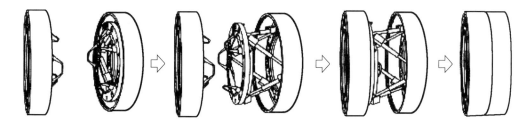

图 2 - 17　低冲击对接与捕获系统的对接与捕获过程示意图

不同于差动式缓冲系统，基于力反馈闭环控制缓冲系统增加了碰撞力测量，以及由电机丝杠组成的作动器。为实现弱撞击的对接过程，其采用力反馈闭环的主动控制方案，由传感器测出对接碰撞力，并实时计算需要的阻尼和缓冲力，最终转为对作动器的运动控制，使主动端的对接环适应被动端的位置和姿态，达到阻尼和减缓对接碰撞过程，实现捕获的目的。通过对控制参数的优化，降低碰撞力对航天器的反作用，其工作原理如图 2 - 18 所示。

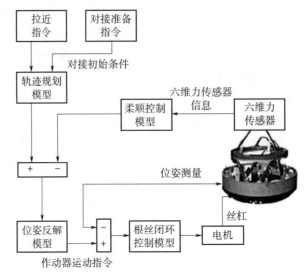

图 2-18 低冲击对接与捕获系统工作原理

基于力反馈闭环控制缓冲系统的主要特点是能实现对接撞击力的柔顺适应，且缓冲性能调整灵活、任务适应性强，可在轨完成与大范围变特性航天器的多次对接。基于力反馈闭环控制系统的缓冲和拉紧功能主要由固定在对接环和硬捕获系统上的底环之间的 6 根独立的执行推杆构成的线性致动器系统（Linear Actuator Controller，LAS）来完成，执行推杆通过万向节铰链分别与底环和对接环进行连接，如图 2-19 所示。由于万向节只能提供 2 个自由度，还需在执行推杆上设置转动枢轴使执行推杆具有另一个绕自身轴转动的自由度，才能使对接环实现 6 自由度运动。

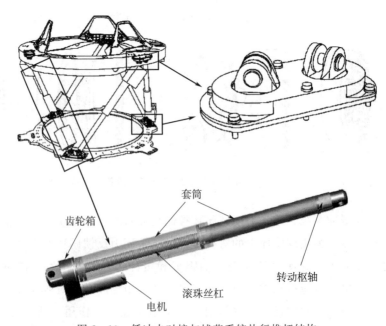

图 2-19 低冲击对接与捕获系统执行推杆结构

2.6　锁定与分离设计

锁定是实现对接与捕获机构完成捕获、缓冲任务后，建立刚性连接并施加预紧载荷的过程，便于组合体执行后续的在轨维护、服务、补加以及轨道转移等飞行任务。锁定过程应是在轨可多次重复进行的，锁定的逆过程即是解锁；分离是对接与捕获机构解锁后，使组合体以一定相对速度和姿态完成安全分离运动的过程。通常锁定功能与分离功能进行耦合设计，在锁定对接面间通过预置弹性元件储备弹性势能，分离时用于提供两航天器间的分离力。

对接与捕获机构的锁定与分离设计遵循以下原则：

1）锁定预紧载荷的设计应以对接面受外载荷情况下法向不开缝、切向不滑移为原则；

2）对接面的锁定预紧点通常要均匀分布在尽可能外侧的分布圆上，与整体传力路径保持一致；

3）各个锁定预紧点的设计需执行模块化和联动同步性原则，方便多点布局设计和联动设计，同步性的要求是为了实现整个对接面的均匀预紧施力。

2.6.1　锁定与分离需求分析

锁定后对接与捕获机构成为两航天器主传力路径上的一个环节，需要提供连接、支撑、承载功能，可能承受在轨外界环境条件或外界设备引起的静、动、热载荷等各类外部载荷。对接与捕获机构常见外部载荷包括组合体在轨机动载荷、组合体其他对接引起的冲击载荷、热应力载荷等。锁定需求即是要保证对接与捕获机构的锁定预紧载荷能够承受并克服这些外部载荷，保证组合体足够的连接强度和刚度，保持组合体长期预紧状态不变。因此，外部载荷的正确识别与合理计算，是确定对接与捕获机构锁定需求的重要前提。

对接与捕获机构的锁定需求需根据对接面的锁定预紧点布局形式和组合体质量特性等输入条件进行分析。通常，可将对接与捕获机构的多点锁定预紧系统等效为多点螺栓连接系统，单个锁定预紧点可以看作单点螺栓连接，通过理论力学中平衡力/力矩公式的计算方法，对整个连接系统进行受力分析，并得出单个锁定预紧点的受力情况，等效受力示意图如图 2-20 所示。多个锁定预紧点组成的连接系统需具备承受拉、压、弯、扭、剪等载荷的能力，而单个锁定预紧点需至少具备承受拉、压载荷的能力。

解锁分离环节可以视为对接锁定环节的逆过程，是使两对接目标在可控手段下解锁后以一定相对速度和姿态完成分离运动的过程。常用的分离手段是在锁定连接面上通过预置弹性元件储备弹性势能用于提供分离时的动力源。分离设计应首先以两航天器的分离速度和姿态为需求约束条件，通过分离点布局、分离力匹配、分离姿态仿真分析等方法进行分离力的计算与优化。

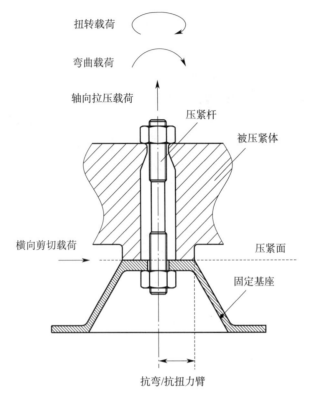

图 2 - 20　单个锁定预紧点等效受力示意图

2.6.2　锁定技术

2.6.2.1　锁定预紧设计

根据上述分析确定的锁定需求，进一步完成锁定预紧载荷的设计计算。锁定预紧载荷的施加一般通过电机及其传动系统等有源作动机构实现。

预紧载荷是对接与捕获机构预先对两航天器的对接面施加的相互作用力，参照机械设计中螺栓连接的预紧力分析方法，计算确定各处锁定预紧点的预紧载荷取值。仅初始预紧载荷作用下（无外部载荷作用），两航天器对接面上的预紧载荷（压强）和对接机构连接件上的预紧载荷（拉力）数值相等。随着外部载荷的作用，对接面上的预紧载荷减小，对接面残余预紧载荷按式（2 - 10）计算；同时对接与捕获机构连接件上的预紧载荷增大，连接件累加预紧载荷按式（2 - 11）计算。连接刚度曲线示意图如图 2 - 21 所示。

$$F_{P-} = F_{P_0} - (1 - k_C) \times F_E \qquad (2 - 10)$$

$$F_{P+} = F_{P_0} + k_C \times F_E \qquad (2 - 11)$$

式中　F_{P-}——航天器对接面残余预紧载荷，N；

　　　F_{P+}——对接与捕获机构连接件累加预紧载荷，N；

　　　F_{P_0}——初始预紧载荷，N；

　　　F_E——外部载荷，N；

k_C ——相对刚度系数，理论范围 $0\sim1$，按式（2-12）定义，但一般不易直接算
　　　得，可通过试验间接测定

$$k_C = C_b/(C_b + C_m) \tag{2-12}$$

式中　C_b ——对接与捕获机构连接件的轴向拉伸刚度，N/m；

　　　C_m ——航天器对接面直接传力部位的轴向压缩刚度，N/m。

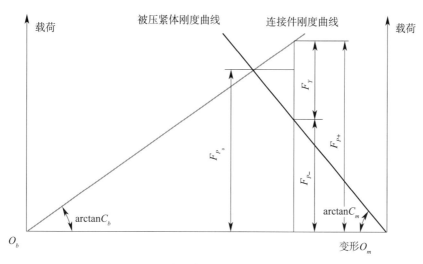

图 2-21　锁定预紧点连接刚度曲线示意图

　　最小预紧载荷需保证对接面受外部载荷作用下法向不开缝、切向不滑移，并满足密封
要求（若有），按式（2-13）计算

$$F_{P-} \geqslant f_P \times F_M \tag{2-13}$$

式中　f_P ——最小预紧载荷安全系数；

　　　F_M ——对接面最小需求载荷（例如用于克服对接面间密封圈压缩力的载荷），N。

　　最大预紧载荷需保证压紧杆受外部载荷作用下满足自身结构强度要求，按式（2-14）
计算

$$F_{P+} \leqslant F_N \tag{2-14}$$

式中　F_N ——对接机构连接件压紧杆抗拉极限载荷，N。

　　综合以上，初始预紧载荷取值范围按式（2-15）计算

$$f_P \times F_M + (1-k_C) \times F_E \leqslant F_{P_0} \leqslant F_N - k_C \times F_E \tag{2-15}$$

　　一个典型的锁定预紧载荷需求分析算例见表 2-3，其中外部载荷的识别是需求分析的
首要环节，除了表 2-3 所述的空间飞行载荷、分离载荷、压差载荷等外部载荷外，有些
航天器对接与捕获机构还会承受冲击载荷带来的拉、剪、弯、扭等各类载荷，需要根据实
际情况细化分析。

表 2 - 3　锁定预紧载荷需求分析算例

计算程序	参数符号	参数名称	参数取值依据	参数计算结果			说明
				全部连接点总数值	单处连接点数值(连接点8点均布)	单处连接点数值(连接点12点均布)	
外部载荷计算	N_d	空间飞行载荷	飞行机动载荷 0.2 g 舱段重量 30 t	60 kN			—
	N_f	分离载荷	外部载荷来源	分离弹簧初始推力 6 kN	6 kN		—
	N_m	压差载荷	舱内外气压压差 0.2 MPa 密封面直径 ϕ 1 500 mm	354 kN	—		—
	S_S	载荷不确定系数	—	仅空间飞行载荷考虑不确定系数	1.5		—
	N_W	连接点外部载荷	外部载荷总计	$N_W = S_S N_d + N_f + N_m$	450 kN	56.25 kN	37.5 kN	—
预紧载荷计算	F_m	密封圈压缩变形反力	蕾型密封圈压缩率 X%	20 kN	2.5 kN	1.7 kN	
	k_c	连接件相对刚度系数	$k_c = \dfrac{k_b}{k_b + k_m}$	0.5	0.5	0.5	
	F_{s1}	预紧载荷与外部载荷共同作用下被连接件残余载荷	$F_{s1} = F_{p_0} - (1 - k_c)N_W \geqslant F_m$		—		根据对接面间密封圈压缩率不降低准则
	F_{p_0}	连接点预紧载荷(设计标称值)	$F_{p_0} \geqslant (1 - k_c)N_W + F_m$	245 kN	30.63 kN	20.42 kN	—
	f_Δ	预紧实施加载偏差系数	$f_\Delta = \pm 25\%$	—			
	F_p	连接点预紧载荷(实施标称值)	$F_p \geqslant \dfrac{1}{1 - f_\Delta} F_{p_0}$	326 kN	40 kN	27 kN	对应对接锁预紧载荷
	F_{s2}	预紧载荷与外部载荷共同作用下连接件累加载荷(实施极限值)	$F_{s2} = (1 + f_\Delta)F_p + k_c N_W$	632 kN	79 kN	53 kN	对应对接锁极限载荷

　　根据对接面锁定预紧后受外载荷情况下法向不开缝、切向不滑移的设计原则,依靠对接面和对接与捕获机构连接件上的预紧载荷来承受和抵抗轴向拉压载荷和弯曲载荷,依靠对接面上预紧载荷产生的摩擦力或机械结构限位来承受和抵抗横向剪切载荷和扭转载荷。对接面抗剪或抗扭的常用设计方法包括以下两种:

　　1) 高摩擦涂层设计:通常对接面为平面接触,应在接触区域实施高摩擦涂层(碳化钨涂层),碳化钨涂层一般实施在钛合金基材表面,若对接面两侧零件均非钛合金材料,需在对接面间加装钛合金零件,对接面受载面积不宜过小,应通过挤压强度校核;

　　2) 结构配合限位设计:对接面横向剪切载荷较大时,可在对接面上设计圆锥配合等限位措施，即对接面两侧零件分别对应设计锥台和锥孔配合结构，锥角应大于摩擦角，并留有一定配合间隙，对接面两侧零件应采用不同材料或实施表面涂层处理，防止发生材料间真空冷焊。

2.6.2.2　锁定方法

对接与捕获机构的预紧锁定技术实现方式多样，根据技术途径的不同，当前常用的两种锁定预紧方式为螺纹式和钩锁式。

（1）螺纹式锁定预紧技术

螺纹式锁定预紧技术是利用螺旋自锁原理，通过转动主连接螺栓，在螺纹升角的带动下，拉紧对接面，实现对接锁紧载荷需求。目前国际空间站通用停泊机构（Common Berthing Mechanism，CBM）上即采用了螺纹式锁定预紧技术，通过在对接结构环上安装有 16 个螺纹式锁定预紧机构实现最终的结构间锁定预紧，并为密封组件提供必要的压紧力以保障其密封性。

CBM 上螺纹式锁定预紧机构主要由两个部分组成：电动螺栓（及其驱动组件）和浮动螺母，如图 2-22～图 2-24 所示。螺栓连接锁紧过程通常分为以下三个阶段进行：

第一阶段：电机驱动 16 个螺栓以与其配对螺母啮合并且逐步达到约 7 000 N 预紧力，之后预紧操作暂停约 12 h，以使两端结构间实现等温，这一等温过程有助于防止密封组件因结构间相对运动产生磨损。

第二阶段：两端温度达到平衡以后，预紧操作恢复。16 个螺栓分为 4 个一组（相邻 2 个和相对 2 个）共 4 组，电机驱动通过逐级间歇加载的方式进行预紧操作，实现从最初的约 7 000 N 逐级到最终预紧力约 50 000 N，该阶段操作不超过 33 min。

第三阶段：该阶段需要达成最大预紧力，电机驱动 16 个螺栓同时继续预紧，最终达到约 90 000 N 预紧力。

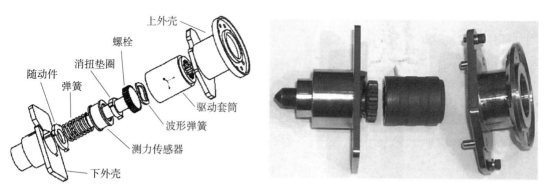

图 2-22　电动螺栓原理及实物图

电动螺栓部分为螺纹式锁定预紧机构的主动端，结构组成如图 2-25 所示。其中，驱动电机输出轴通过花键与驱动套筒连接，驱动套筒嵌于上外壳内部，套筒可绕中心轴旋转，套筒内壁也有花键，与螺栓头上的花键配合，带动螺栓旋转，在螺栓头部安装有波形弹簧。但是直接用螺纹连接刚性对接框，连接力变化剧烈，不容易控制，并且连接

图 2-23　电动螺栓驱动组件实物图

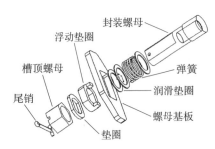

图 2-24　浮动螺母原理及实物图

力受高低温环境影响比较大。在电动螺栓和螺母之间添加波形弹簧，可以提供加载需要的变形量，从而使连接力稳定。同时，螺纹的啮合过程对于初始连接偏差比较敏感，在被动对接锁上增加浮动环节，有利于适应可能出现的初始连接偏差，保证结构连接的顺利进行。

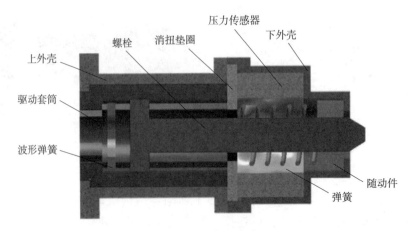

图 2-25　电动螺栓部分结构组成

电动螺栓上外壳和下外壳之间安装有消扭垫圈,消扭垫圈与下外壳之间留有部分空隙,便于在锁紧过程中压强传感器的使用。压强传感器用于测量螺栓预紧力,下外壳开有缺口,便于引出导线。随动件安装在下外壳内部,通过弹簧预压缩以防止其随意跳动,随动件内侧有与螺栓啮合的螺纹,可在一定范围内随动,起到保护螺纹的作用。螺栓与随动件初始形成配合状态,有利于螺栓在套筒中的轴向运动。在螺纹式锁定预紧机构锁紧过程中,电机带动套筒旋转,从而实现螺栓的轴向运动,与电动螺栓螺母配合实现整个锁紧过程。实现压紧后,通过压强传感器可以得到螺栓的预紧力,便于实时监测。

浮动螺母部分为螺纹式锁定预紧机构的被动端,结构组成如图 2-26 所示。其中,浮动螺母内部有与电动螺栓部分的螺栓啮合的内螺纹,锁紧过程与螺栓进行螺纹连接。封装螺母尾端开有台阶,与螺母基板上的矩形孔相配合,从而限制此方向的位移。封装螺母与螺母基板间安装有垫圈和弹簧,弹簧预压缩,帮助封装螺母实现轴向复位。螺母基板与基座之间采用螺栓连接进行固定。浮动垫圈的两端设计有两个凸起,能够限制浮动垫圈径向的位移。同时螺母基板内的孔留有部分空隙,使得封装螺母具有一定的径向偏差和滚转偏差能力。封装螺母外部的螺纹与槽顶螺母实现螺纹连接形成一体,在轴向可整体向后方移动。封装螺母和槽顶螺母之间用尾销实现固定。

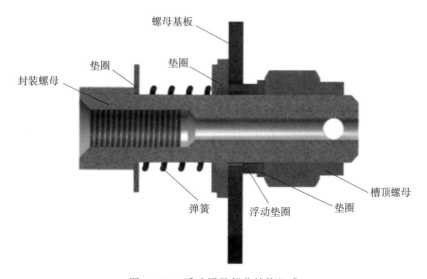

图 2-26　浮动螺母部分结构组成

电动螺栓部分的螺栓在初始状态下与随动件初步啮合,在电机驱动下,实现螺栓的轴向运动。在螺栓转动时,实现螺栓伸出、初始啮合。继续旋转顶端螺纹脱离随动件的啮合段,通过螺栓和螺栓壳体之间结构限制,螺栓继续向螺母方向平移,相对浮动螺母旋转,实现拉紧和加载的功能。在与浮动螺母进行啮合的过程中,若螺栓与螺母中心轴未对齐,随着螺栓运动,锥形末端与封装螺母顶端斜面接触,螺母被稍稍向后顶的同时径向移动以实现螺栓与螺母共轴;浮动螺母同时可进行一定角度的滚转,在一定程度上避免初始螺纹啮合过程中可能发生的螺纹损伤。

驱动电机正转可以实现螺纹锁锁紧过程，反转可以实现螺纹锁解锁过程。电动螺栓初始状态与锁紧状态分别如图 2-27 和图 2-28 所示。

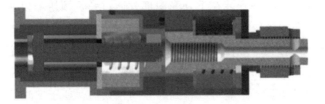

图 2-27　螺纹式锁定预紧机构初始状态

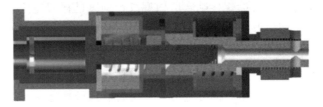

图 2-28　螺纹式锁定预紧机构锁紧状态

（2）钩锁式锁定预紧技术

钩锁式锁定预紧技术是利用曲柄摇杆机构或其他省力机构原理，通过机构运动和构件位置死点拉紧对接面，实现对接锁紧载荷需求，实际上手爪式、抱爪式等锁定预紧技术均是此类原理的衍生应用。目前国际空间站大型舱外载荷适配机构即采用了钩锁式锁定预紧技术，通过在对接面上十字对称布局若干钩锁式锁定预紧机构实现最终的结构间锁定预紧和不同方向的位置约束。

一种典型的钩锁式锁定预紧机构的组成如图 2-29 所示，锁定过程如图 2-30 所示。

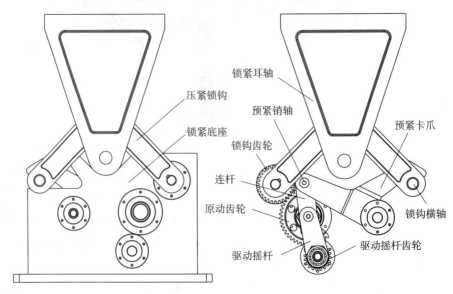

图 2-29　典型的钩锁式锁定预紧机构的组成

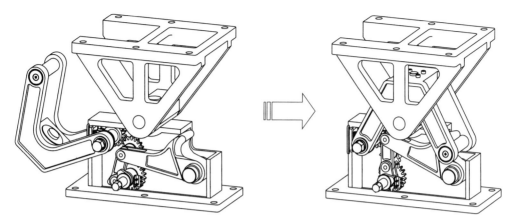

图 2-30　钩锁式锁定预紧机构锁定过程

钩锁式锁定预紧机构的主要部组件的作用及相互关系如下。

（1）锁紧耳轴

通过螺钉与运转的货物或货盘相连接，解锁后与底座和锁钩脱离，是连接货物与货盘或连接货盘与结构本体间的重要承力结构。在锁紧状态下，其底部耳轴落于底座形成的 V 形槽内，该方向自由度被有效约束；同时，受压紧锁钩的限制，其垂直于安装平面的运动被约束。

（2）压紧锁钩

锁紧底座与耳轴间的关键锁紧零件，在其根部齿轮的驱动下可顺、逆时针转动，从而实现对耳轴的锁紧与解锁。为实现锁紧力的封闭，在锁钩的末端设置了可供摇杆机构上卡爪压紧的横轴。

（3）锁紧底座

锁紧机构的机架，同时也是锁紧耳轴水平运动的约束。其上提供了各转轴的安装接口，中空的结构内部用于安装驱动齿轮及摇杆机构，侧壁上安装用于反馈锁紧和解锁状态的微动开关、驱动原动齿轮的电机以及火工拔销器等附属元器件。作为锁紧机构的主要结构，底座与结构本体通过底边布置的螺钉连接。

（4）曲柄摇杆机构

曲柄摇杆机构包括驱动摇杆、连杆、预紧卡爪，用于施加锁钩压紧耳轴所需的预紧力。通过驱动摇杆带动连杆及副摇杆转动，当驱动摇杆与连杆夹角接近死点位置时，副摇杆上的预紧卡爪搭上锁钩末端的横轴；继续驱动主摇杆，卡爪将对横轴持续施加预紧力，直至达到预定范围，保证发射过程中锁紧的可靠性。

（5）驱动齿轮组件

驱动齿轮组件包括驱动摇杆齿轮、原动齿轮、锁钩齿轮。锁紧机构的解锁和再锁定驱动通过两对啮合的齿轮副实现。锁紧时，电机带动原动齿轮先与锁钩驱动齿轮啮合，使其顺时针旋转，锁钩闭合到位；然后，原动齿轮经过扇形空行程与主摇杆齿轮啮合，对锁钩横轴施加预紧力，满足要求后电机制动，齿轮啮合状态固定；当解锁信号发出后，连杆上的销轴被拔出,电机反转带动主摇杆逆时针转动,卡爪脱离横轴,然后原动齿轮与锁钩驱动齿轮啮合,使锁钩反转打开,从而实现了对耳轴的释放。

通常情况下,钩锁式锁定预紧机构(图 2-31、图 2-32)能够提供对耳轴两个方向的可靠锁紧,第三个方向需要通过锁紧机构的交叉布局或辅助支撑(限位)结构实现。因此,对接面的锁紧系统设计还需要在单个锁紧模块设计的基础上开展锁紧点布局、预紧力优化、支撑机构设计以及系统规划等研究工作。

图 2-31　钩锁式锁定预紧机构三维模型及有限元模型

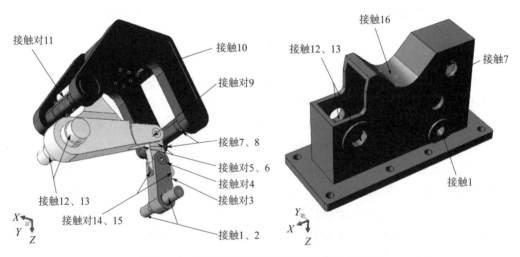

图 2-32　钩锁式锁定预紧机构接触位置示意图

为使整个锁紧机构结构紧凑,在预紧加载终止位置时,摇杆转轴与锁钩压紧横轴在同一铅垂线上,且摇杆与此铅垂线夹角为 71.2°。同时,为保证锁紧和解锁可靠,在锁紧终止位置曲柄和连杆夹角为 175°,即机构的反向死点位置附近。锁紧过程中摇杆上预紧卡爪与锁钩组件上压紧横轴直接接触,受到其反作用力 F,如图 2-33 所示。当预紧卡爪形状、锁钩组件尺寸及锁钩组件中预紧碟簧刚度一定时，F 的大小仅与摇杆的相位角 φ 有关而与各杆长度无关。

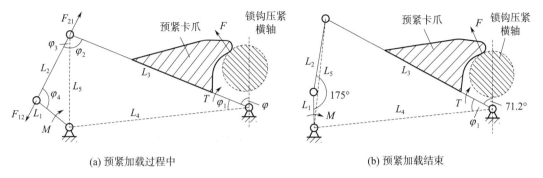

(a) 预紧加载过程中　　　　　　　　　　　　　　(b) 预紧加载结束

图 2-33　曲柄摇杆机构受力简图

2.6.3　分离技术

两航天器经对接锁定后成为组合体，解锁分离是对接锁定的逆过程，组合体分离后两航天器恢复原在轨自主飞行状态。解锁分离过程同对接锁定过程一样，必须是安全可控的。为了保证分离的安全性，通常对两航天器的分离速度和分离姿态有一定量化要求，以避免在分离过程中产生碰撞、钩挂或羽流影响等意外情况。

根据分离运动过程，通常有两类常用的在轨分离方法：一类是自行分离，在对接与捕获机构解锁后，两对接面间没有相互作用力，这时其中一个航天器或两个航天器的姿轨控系统起控，通过喷气反推，实现航天器分离运动；另一类是互推分离，在对接与捕获机构解锁后，两对接面间作动装置产生作用力，该作用力同时作用于两个航天器间，形成驱动力使两者产生相互运动，运动到一定安全距离后，两航天器姿轨控系统再起控，继续各自飞行任务。下文主要介绍这种互推分离技术。

轨道上两航天器的互推分离运动遵循能量守恒定律和动量守恒定理。若要实现两航天器互推分离，需要提供能量以转化为两航天器分离运动的动能之和，且两航天器分离后动量相等。通常提供这种能量的手段包括电机推杆、弹簧推杆、火工推杆等，即利用电能、弹性势能或化学能等方法提供两航天器的分离能量。

弹簧推杆是一种最为常用的分离手段，在舱段连接面或对接与捕获机构对接面等场景广泛应用。一种典型的弹簧分离推杆组成如图 2-34 所示，由弹簧外壳、弹簧导套、弹簧、弹簧盖板、弹簧螺母等组成。在捕获锁定过程中，弹簧推杆经对接力作用直接压缩在对接面间，弹簧受力压缩并储能；在分离过程中，当对接锁定关系解除后，弹簧导套在弹簧力的作用下向外滑动，通过弹簧顶头推动对接面实现分离；分离到一定距离后，弹簧盖板卡住弹簧导套，避免导套和弹簧飞出产生垃圾碎片。

两航天器分离过程简化物理模型如图 2-35 所示，航天器对接面间成组预置的弹簧推杆组成一套弹簧系统。在轨状态下，可假设两航天器分离运动为单自由度运动，根据能量守恒定律，有

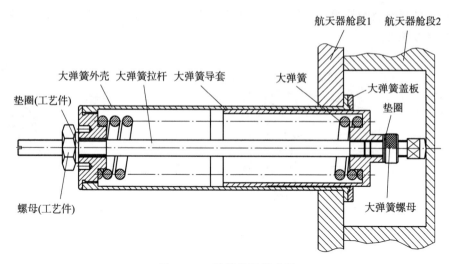

图 2-34　弹簧推杆组成图

$$m_M v_M = m_m v_m \tag{2-16}$$

$$v_M + v_m = \Delta v \tag{2-17}$$

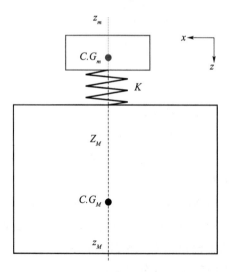

　□ 主动航天器外轮廓　● 主动航天器质心　------ 主动航天器质心轴线
　□ 被动航天器外轮廓　● 被动航天器质心　⋯⋯⋯ 被动航天器质心轴线

图 2-35　两航天器分离过程简化物理模型

假设不考虑能量耗散，根据能量守恒定律，有

$$m_M v_M^2 + m_m v_m^2 = K x_n^2 - K x_0^2 \tag{2-18}$$

式中　m_M ——主动航天器质量，kg；

　　　m_m ——被动航天器质量，kg；

　　　v_M ——主动航天器分离速度，m/s；

　　　v_m ——被动航天器分离速度，m/s；

Δv ——相对分离速度，m/s，通常由总体单位给出；

K ——弹簧推杆等效总刚度，N/m；

x_0 ——弹簧分离末端变形，m；

x_n ——弹簧安装状态变形，m。

经联立解算，以两航天器相对分离速度为输入条件，可初步获取两航天器各自的分离速度和弹簧总刚度需求，后续进一步开展弹簧载荷分配计算，利用理论力学方法，采用各点弹簧作用力相对两航天器质心配平合力矩的计算准则，完成弹簧力分配设计。

第3章　对接与捕获机构分析

3.1　概述

在航天器对接与捕获机构研制中，设计和分析是两个密切相关的环节，往往要经过从分析到设计，再从设计到分析的多次迭代过程，才能得到最终的设计结果。因此，广义地说，分析也可认为是设计工作的一部分，并且有时为了叙述方便，把设计与分析合称为设计。但由于分析工作的专业性、复杂性和重要性，且内容涵盖全面，包括力学分析、热分析、特性分析、可靠性分析、安全性分析、环境适应性分析、测试覆盖性分析等，分析工作通常单独阐述。就对接与捕获机构而言，上述内容的通用分析方法和过程与其他航天器机构是一致的，本书不再介绍。就力学分析包括的结构强度分析、模态分析、频响分析、运动学分析、动力学分析内容而言，前三项也可采用通用航天器机构的分析方法，而后两项则具有对接与捕获机构的特色，本书将就这两方面内容重点介绍。

本章主要介绍了用于空间大型舱段端面对接及空间模块化载荷对接用多点分布式对接与捕获机构的分析，特别是以多点分布式柔性对接与捕获机构为例进行了总体方案、基本构型、总体工作流程的介绍。在此基础上，根据实际对接与捕获过程中两航天器的相对位姿误差，分别开展了柔性对接与捕获机构的运动学建模与分析、动力学模型建立及其捕获可行性分析等工作的介绍，本章所论述的分析过程、分析方法适用于所有对接与捕获机构，可为对接与捕获机构分析工作的开展提供参考和借鉴。

3.2　对接与捕获机构典型工作过程

相比较于传统航天器的连接与分离装置，航天器对接与捕获机构大多属于可多次重复使用的机构，其典型的工作过程如下：

1）远距离接近。航天器的制导、导航与控制（GNC）分系统控制两个航天器沿既定轨道相互接近，在接近的过程中不断调整两航天器的相对速度及位姿，如图 3-1（a）所示。

2）航天器接触。两航天器接近到理想位置后就进入捕获之前的接触阶段，其又分为两种情况：

a）以我国神舟飞船为代表的碰撞式接触，目的是用比较大的动能接触并使得撞击锁定机构可靠动作，如图 3-1（b）所示；

b）以空间机械臂辅助操作的弱撞击对接模式，其不依赖于撞击动能接触，而通过其上安装的对接与捕获机构包络并接触被动航天器上设置的捕获接口，此种接触方式可以将两航天器对接与捕获过程的冲击降到最低，如图 3-1（c）所示。

3）航天器捕获。主动航天器利用捕获机构通过被动航天器设置的接口将被动航天器可靠捕获，被动航天器无逃逸风险，如图 3-1（d）所示。

4）缓冲及位姿校正。由于两航天器有相对残余动能，因此主动航天器要通过自身的对接与捕获机构逐渐消耗被动航天器的动能并在此过程中逐渐纠正被动航天器的姿态，使得两航天器之间的相对位姿达到预定值，如图 3-1（e）所示。

5）拉近与锁紧。当两航天器的位姿调整到预期状态且相对速度为零或很小时，可以执行航天器拉近的操作，拉近过程中通过一系列的导向结构实现精准对接并对两航天器实施可靠的预紧力加载。

6）分离。由于对接与捕获机构可以实现可重复的连接与分离，因此，两航天器在实现对接和锁紧一定时间之后，通过对接与捕获机构可以实现可靠分离，其中包括无相对速度的分离及有一定相对速度的分离。

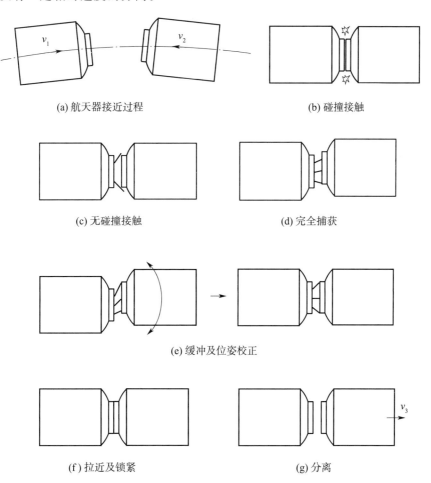

(a) 航天器接近过程　　　　　　　　　　　　　(b) 碰撞接触

(c) 无碰撞接触　　　　　　　　　　　　　(d) 完全捕获

(e) 缓冲及位姿校正

(f) 拉近及锁紧　　　　　　　　　　　　　(g) 分离

图 3-1　航天器对接与捕获机构典型工作过程示意图

3.3 对接与捕获机构运动学分析

由于在对接与捕获过程中两航天器的位姿一直在变化，因此需要根据航天器的位姿计算两者相对误差域并与对接与捕获机构的容差域进行比较，以便机构的容差域能包含航天器的误差域，保证对接与捕获过程的顺利进行。

3.3.1 坐标系定义

如图 3-2 所示为任意两个需要对接与捕获的航天器坐标系定义。

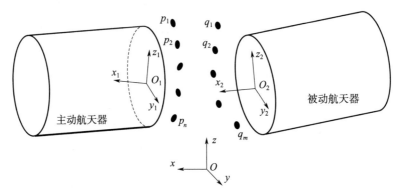

图 3-2 对接航天器分析坐标系示意图

（1）惯性坐标系

惯性坐标系 $O\text{-}xyz$ 中原点 O 与地心重合，x 轴同首子午面与赤道面的交线重合，向西为正；z 轴与地球旋转轴重合，向北为正；y 轴通过右手定则确定方向。在实际设计分析过程中，也可以根据需要定义合适的坐标系。

（2）主动航天器坐标系

原点 O_1 为主动航天器对接面的中心，x_1 轴平行于纵向对称轴并沿背离被动航天器的方向；y_1 轴和 z_1 轴的方向参考 x_1 轴方向由右手定则进行确定。

（3）被动航天器坐标系

原点 O_2 为被动航天器对接面的中心，x_2 轴平行于纵向对称轴并朝向主动航天器；y_2 轴和 z_2 轴的方向参考 x_2 轴方向由右手定则进行确定。

在分析两航天器是否能实现可靠对接与捕获时，需对其上的一些关键点进行分析，不同航天器关注的关键点不一样，关键点所在的布局结构也不一样，因此在图中仅普适性地列出两航天器的一些关键点：主动航天器的关键点表示为 $p_i(1 \leqslant i \leqslant n)$，被动航天器的关键点表示为 $q_j(1 \leqslant j \leqslant m)$。

目前航天器对接与捕获机构比较典型的有以下三类：

1）以杆锥式为代表的对接机构，如联盟号和礼炮号用对接与捕获机构、MEV-1 捕获机构等；

2）并联式对接与捕获机构，如低撞击对接与捕获系统、异体同构式对接机构（神舟飞船用）等；

3）多点分布式对接与捕获机构，如国际空间站通用停泊机构、日本卡爪式自主对接机构、欠驱动捕获机构等。

因此，可以以上述三类典型的对接与捕获机构进行运动学分析。

3.3.2 杆锥式对接与捕获机构运动学分析

如图 3-3 所示为航天器对接用典型的杆锥式对接机构示意图，其中对接杆安装在主动航天器上，对接锥为结构体并与被动航天器固结，其对接过程为主动航天器带着对接杆靠近被动航天器，并将对接杆在对接锥导向作用下送入对接锥中完成捕获与锁紧。

对于杆锥式对接机构运动学分析，在建立主动航天器与被动航天器坐标系后，还需要确定关键点及建立其分析坐标系，如对接杆的头部可被确定为关键点并建立坐标系 $O_3 - x_3y_3z_3$，确定对接锥开口圆上的四个点为关键点（$q_1 \sim q_4$）。

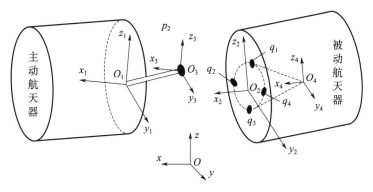

图 3-3 杆锥式对接与捕获机构坐标系示意图

在实际分析中，由于两航天器之间存在一定误差，致使对接杆与对接锥之间的位姿存在一定的初始偏移量，该误差的影响可通过坐标变换矩阵叠加为

$$\boldsymbol{T}_\Delta = \boldsymbol{T}(\mathrm{d}x, \mathrm{d}y, \mathrm{d}z)\boldsymbol{R}(z, \mathrm{d}\varphi)\boldsymbol{R}(y, \mathrm{d}\theta)\boldsymbol{R}(x, \mathrm{d}\psi)$$

$$= \begin{bmatrix} \mathrm{cd}\varphi\,\mathrm{cd}\theta & \mathrm{cd}\varphi\,\mathrm{sd}\theta\,\mathrm{sd}\psi - \mathrm{sd}\varphi\,\mathrm{cd}\psi & \mathrm{cd}\varphi\,\mathrm{sd}\theta\,\mathrm{sd}\psi - \mathrm{sd}\varphi\,\mathrm{sd}\psi & \mathrm{d}x \\ \mathrm{sd}\varphi\,\mathrm{cd}\theta & \mathrm{sd}\varphi\,\mathrm{sd}\theta\,\mathrm{sd}\psi - \mathrm{cd}\varphi\,\mathrm{cd}\psi & \mathrm{sd}\varphi\,\mathrm{sd}\theta\,\mathrm{sd}\psi - \mathrm{cd}\varphi\,\mathrm{sd}\psi & \mathrm{d}y \\ \mathrm{sd}\theta & \mathrm{cd}\theta\,\mathrm{sd}\psi & \mathrm{cd}\theta\,\mathrm{cd}\psi & \mathrm{d}z \\ 0 & 0 & 0 & 1 \end{bmatrix} \quad (3-1)$$

其中，$\mathrm{sd}\varphi = \sin\mathrm{d}\varphi$，$\mathrm{cd}\varphi = \cos\mathrm{d}\varphi$，$\mathrm{sd}\theta = \sin\mathrm{d}\theta$，$\mathrm{cd}\theta = \cos\mathrm{d}\theta$，$\mathrm{sd}\psi = \sin\mathrm{d}\psi$，$\mathrm{cd}\psi = \cos\mathrm{d}\psi$。

（1）关键部件参数化

通过适当选取坐标系位置，将部件在各自的局部坐标系下表示可简化其坐标方程，部件之间的相对位置关系可通过坐标系间的变换矩阵建立。

①对接杆

在初始状态下，可将对接杆简化为一过局部坐标系原点的直线。在坐标系 $O_1 - x_1y_1z_1$

下，对接杆上的点满足

$$l(k) = x\boldsymbol{n}_1 = [0 \quad 0 \quad x \quad 1]^{\mathrm{T}} \tag{3-2}$$

式中　$\boldsymbol{n}_1$——对接杆在初始状态下的方向向量；

　　　x——该点在对接杆上的长度坐标。

②导向头

导向头端部为半球形，其外包络可简化为半球面。导向头外表面上的点在坐标系 $O_3 - x_3 y_3 z_3$ 下，满足

$$x^2 + y^2 + z^2 < R^2 (x > 0) \tag{3-3}$$

式中　x，y，z——外表面上的点在坐标系 $O_3 - x_3 y_3 z_3$ 下的坐标；

　　　R——导向头的半径。

③对接锥

对接锥为圆台形，可通过顶点为 O_4，法线方向为 x_4 轴方向的圆锥截得。在坐标系 $O_4 - x_4 y_4 z_4$ 下，对接锥上的点与 $q(x, y, z)$，对接锥的法向量 $\boldsymbol{n}_2$ 之间的关系为

$$\beta = \langle \boldsymbol{PO}_4, \boldsymbol{n}_2 \rangle = \arccos \frac{\boldsymbol{PO}_4 \cdot \boldsymbol{n}_2}{\| \boldsymbol{PO}_4 \| \| \boldsymbol{n}_2 \|} \tag{3-4}$$

即

$$[x \quad y \quad z]^{\mathrm{T}} \cdot [1 \quad 0 \quad 0]^{\mathrm{T}} = \sqrt{x^2 + y^2 + z^2} \cos\beta \tag{3-5}$$

则对接锥的坐标方程为

$$(\tan^2\beta) x^2 = y^2 + z^2 (-L < z < 0) \tag{3-6}$$

（2）接触点搜索方法

对接过程中存在导向头与对接锥间的接触，可将其简化为半球体与锥形体的接触问题。由于过圆锥轴线的所在平面截得的圆锥为一与其锥角相同的扇形，截得的半球为一与其半径相同的半圆形，可沿柔性杆与对接锥的最大位置偏差方向作截面，在二维平面内研究其接触问题，如图 3-4 所示。在 Hertz 接触力模型中，将两物体的接触视为接触面的相互嵌入，其接触力的大小通过假设接触面下方为一弹簧阻尼系统来进行计算。因此，计算导向头与对接锥之间的接触力，需要求得其在接触过程中的嵌入量与法向相对接触速度。

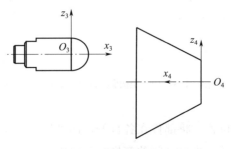

图 3-4　截面法分析接触力示意图

①法向嵌入深度

在对接过程中，导向头端部与对接锥发生接触，导向头端部为半球形。沿最大偏移方向截对接锥与导向头，所截得导向头为半圆形，该半圆的坐标方程可由其圆心坐标 (x_b, y_b) 及其半径 R 表示为

$$(x - x_b)^2 + (y - y_b)^2 = R^2 \qquad (3-7)$$

对接锥的截面为部分扇形，在计算接触时可由截面上的两条母线进行表示。其母线在绝对坐标系下的方程为

$$\begin{cases} l_1: -y - \tan(\beta - \Delta\theta)x + x_c\tan(\beta - \Delta\theta) + y_c = 0 \\ l_2: -y + \tan(\beta + \Delta\theta)x - x_c\tan(\beta + \Delta\theta) + y_c = 0 \end{cases} \qquad (3-8)$$

式中　x_c，y_c——对接锥顶点在截面内的坐标值；

　　　$\Delta\theta$——对接锥在截面内的偏转角。

导向头与对接锥之间是否发生接触可通过圆心到两母线间的距离 d_1，d_2 进行判别

$$\begin{cases} d_1 = \dfrac{|-y_b - \tan(\beta - \Delta\theta)x_b + x_c\tan(\beta - \Delta\theta) + y_c|}{\sqrt{1 + \tan^2(\beta - \Delta\theta)}} \\[4mm] d_2 = \dfrac{|-y_b + \tan(\beta + \Delta\theta)x_b - x_c\tan(\beta + \Delta\theta) + y_c|}{\sqrt{1 + \tan^2(\beta + \Delta\theta)}} \end{cases} \qquad (3-9)$$

如图 3-5 所示，导向头与对接锥间的相互嵌入深度可由距离 d_1，d_2 与半球直径 R 间的差值来表示。当 d_1，$d_2 > R$ 时，导向头与对接锥未发生接触；当 $d_1 = R$ 或 $d_2 = R$ 时，导向头与对接锥刚好发生接触，但未相互嵌入，此时接触力为 0；当 $d_1 < R$ 或 $d_2 < R$ 时，导向头与对接锥发生接触，存在接触力，此时相互嵌入深度为

$$\delta = |d_i - R|, i = 1, 2 \qquad (3-10)$$

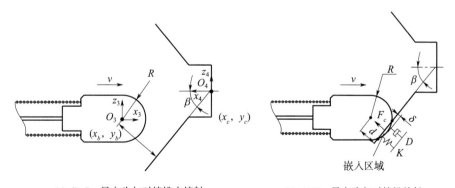

(a) $d > R$，导向头与对接锥未接触　　　　　(b) $d < R$，导向头与对接锥接触

图 3-5　导向头与对接锥接触条件分析简图

②法向相对接触速度

在接触过程中，导向头与对接锥均存在运动，因此在求解接触点处的相对接触速度时，需要分别求解导向头和对接锥上接触点在法向上的绝对速度，再对其进行合成。

设接触过程中接触点为 C，导向头与对接锥相互嵌入时，存在 2 个交点 $C_1(x_{C_1}, y_{C_1})$

与 $C_2(x_{C_2}, y_{C_2})$，如图 3-6 所示，则接触点坐标为两交点连线的中点，即

$$x_C = \frac{x_{C_1} + x_{C_2}}{2}, \quad y_C = \frac{y_{C_1} + y_{C_2}}{2} \tag{3-11}$$

导向锥的法向量为

$$\boldsymbol{n} = [-\sin\beta \quad \cos\beta]^T \tag{3-12}$$

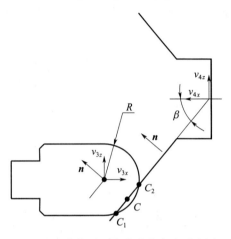

图 3-6　接触过程中的速度方向示意图

以半球头球心为基点计算导向头上接触点的法向绝对速度，该速度为基点的平动速度与接触点绕基点转动的牵连速度法向分量的合成。设导向头球心的平动速度为 v_3，导向头的角速度为 ω，则基点平动速度为

$$\boldsymbol{v}_{C_v} = (v_{3x} \quad v_{3y}) \tag{3-13}$$

接触点牵连速度的单位方向矢量垂直于球心到接触点的位置矢量，为

$$\boldsymbol{t} = \begin{bmatrix} -\dfrac{y_C - y_3}{R} \\[3mm] \dfrac{x_C - x_3}{R} \end{bmatrix} \tag{3-14}$$

牵连速度为

$$\boldsymbol{v}_{C_\omega} = \omega R \boldsymbol{t} \tag{3-15}$$

则导向头上接触点处法向绝对接触速度为

$$\boldsymbol{v}_{C_n} = (\boldsymbol{v}_{C_v} + \boldsymbol{v}_{C_\omega}) \cdot \boldsymbol{n} = [v_{3x} - \omega(y_C - y_3) \quad v_{3y} + \omega(x_C - x_3)] \begin{bmatrix} \sin\beta \\ \cos\beta \end{bmatrix} \tag{3-16}$$

被动航天器沿主动航天器轴线运动，不存在转动，因此对接锥上接触点的绝对速度与其质心运动速度相同，其法向绝对速度为

$$\boldsymbol{v}'_{C_n} = [v_{4x} \quad v_{4z}] \begin{bmatrix} \sin\beta \\ \cos\beta \end{bmatrix} \tag{3-17}$$

则导向头与对接锥间的方向相对接触速度大小为

$$v_n = v_{C_n} + v'_{C_n} = [v_{3x} - \omega(y_C - y_3) + v_{4x}]\sin\beta + [v_{3z} + \omega(x_C - x_3) + v_{4z}]\cos\beta$$

$$(3-18)$$

3.3.3　并联式对接与捕获机构运动学分析

张崇峰等人研制的异体同构式对接与捕获机构、徐敏等人研制的低撞击对接与捕获机构等都属于并联式对接与捕获机构，其主要由动平台、静平台以及动静平台之间的多个运动支链组成，其运动学分析主要以并联机构运动学理论为主。

并联式对接与捕获机构坐标系如图 3-7（a）所示，在静平台中心建立固定坐标系 O-xyz，在上面对接环中心建立动坐标系 O'-$x'y'z'$。图 3-7（b）是对接与捕获机构简图，将图 3-7（a）所示的静平台和对接环简化为两个相似的半正则六边形，β_0 和 β_1 分别为静平台和对接环的结构角，r_0 和 r_1 分别为静平台和对接环的外接圆半径（图中未表示），静平台的万向节节点在 O-xyz 中的坐标表示为 B_i，对接环的万向节节点在中 O'-$x'y'z'$ 的坐标表示为 b_i。

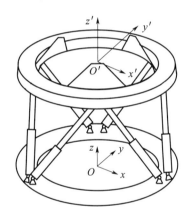 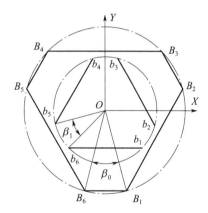

(a) 并联式对接与捕获机构坐标系　　　　　(b) 并联式对接与捕获机构简图

图 3-7　并联式对接与捕获机构坐标系及其简图

对接环坐标系相对固定坐标的位置可分为坐标系 O'-$x'y'z'$、坐标原点 O' 在坐标系 O-xyz 中的坐标（X，Y，Z）以及绕 O-xyz 中坐标轴的旋转（α，β，γ）。采用欧拉角来描述机构的旋转状态如下

$$T = R = R(z,\gamma)R(x,\alpha)R(y,\beta) + P$$
$$= \begin{bmatrix} c\gamma c\beta & c\gamma s\beta s\alpha - s\gamma c\alpha & c\gamma s\beta c\alpha + s\gamma s\alpha & X_1 \\ s\gamma s\beta & s\gamma s\beta s\alpha + c\gamma c\alpha & s\gamma s\beta c\alpha - c\gamma s\alpha & Y_1 \\ -s\beta & c\beta s\alpha & c\beta c\alpha & Z_1 \\ 0 & 0 & 0 & 1 \end{bmatrix} \quad (3-19)$$

其中，$c=\cos$，$s=\sin$，P 为对接环平移向量。

（1）空间位置反解分析

并联式对接与捕获机构根据传感信息控制支链杆的伸长量，从而改变对接环的位姿并最终完成捕获和对接，6 个支链杆长方向矢量 $\boldsymbol{L}_i(i=1\sim6)$ 在固定坐标系中可表示为

$$\boldsymbol{L}_i = \boldsymbol{R} * \boldsymbol{b}_i + \boldsymbol{P} - \boldsymbol{B}_i \tag{3-20}$$

其中

$$\boldsymbol{b}_i = [b'_{ix}, b'_{iy}, 0], \quad \boldsymbol{B}_i = [B_{ix}, B_{iy}, 0] \tag{3-21}$$

根据并联机构的相关理论，6 个支链杆的速度矩阵可表示为

$$\begin{bmatrix} v_{l1} \\ v_{l2} \\ v_{l3} \\ v_{l4} \\ v_{l5} \\ v_{l6} \end{bmatrix} = \begin{bmatrix} \boldsymbol{n}_1^{\mathrm{T}} & (b_1 \times \boldsymbol{n}_1)^{\mathrm{T}} \\ \boldsymbol{n}_2^{\mathrm{T}} & (b_2 \times \boldsymbol{n}_2)^{\mathrm{T}} \\ \boldsymbol{n}_3^{\mathrm{T}} & (b_3 \times \boldsymbol{n}_3)^{\mathrm{T}} \\ \boldsymbol{n}_4^{\mathrm{T}} & (b_4 \times \boldsymbol{n}_4)^{\mathrm{T}} \\ \boldsymbol{n}_5^{\mathrm{T}} & (b_5 \times \boldsymbol{n}_5)^{\mathrm{T}} \\ \boldsymbol{n}_6^{\mathrm{T}} & (b_6 \times \boldsymbol{n}_6)^{\mathrm{T}} \end{bmatrix} \dot{\boldsymbol{p}} = \boldsymbol{J}\dot{\boldsymbol{p}} \tag{3-22}$$

式中　$\boldsymbol{J}$——并联对接与捕获机构的雅克比矩阵。

（2）空间位置正解分析

参考一般的并联机构位置正解的分析方法，并联式对接与捕获机构的位置正解一般有两种方法：解析法和数值法。数值法的计算速度快，缺点是不能够确保得到所有的解；解析法比较适合于理论分析，可以求得全部的解，同时可以得到机构运动学的整体特性，但解析法的消元过程十分复杂且针对具体的并联机构给出的解析方法通用性不高。

Newton-Raphson 迭代法是一种比较常用的并联机构正解方法，它以运动反解为基础，进行反复迭代，逐渐逼近对接环的实际位置和姿态。

在分析过程中，假定对接环的初始位置和姿态是 $(x_0, y_0, z_0, \alpha_0, \beta_0, \gamma_0)$，通过并联机构运动学位置反解可求得该位置和姿态下的支链杆的杆长 l_i^1（其右上标表示为第一次迭代值，后述类同），如已知支链杆的杆长为 l_i，两者之差为 $\Delta l_i^1 = l_i - l_i^1$，可得

$$\begin{bmatrix} \Delta l_1^1 \\ \Delta l_2^1 \\ \Delta l_3^1 \\ \Delta l_4^1 \\ \Delta l_5^1 \\ \Delta l_6^1 \end{bmatrix} = \begin{bmatrix} \dfrac{\partial l_1}{\partial x} & \dfrac{\partial l_1}{\partial y} & \dfrac{\partial l_1}{\partial z} & \dfrac{\partial l_1}{\partial \alpha} & \dfrac{\partial l_1}{\partial \beta} & \dfrac{\partial l_1}{\partial \gamma} \\[2mm] \dfrac{\partial l_2}{\partial x} & \dfrac{\partial l_2}{\partial y} & \dfrac{\partial l_2}{\partial z} & \dfrac{\partial l_2}{\partial \alpha} & \dfrac{\partial l_2}{\partial \beta} & \dfrac{\partial l_2}{\partial \gamma} \\[2mm] \dfrac{\partial l_3}{\partial x} & \dfrac{\partial l_3}{\partial y} & \dfrac{\partial l_3}{\partial z} & \dfrac{\partial l_3}{\partial \alpha} & \dfrac{\partial l_3}{\partial \beta} & \dfrac{\partial l_3}{\partial \gamma} \\[2mm] \dfrac{\partial l_4}{\partial x} & \dfrac{\partial l_4}{\partial y} & \dfrac{\partial l_4}{\partial z} & \dfrac{\partial l_4}{\partial \alpha} & \dfrac{\partial l_4}{\partial \beta} & \dfrac{\partial l_4}{\partial \gamma} \\[2mm] \dfrac{\partial l_5}{\partial x} & \dfrac{\partial l_5}{\partial y} & \dfrac{\partial l_5}{\partial z} & \dfrac{\partial l_5}{\partial \alpha} & \dfrac{\partial l_5}{\partial \beta} & \dfrac{\partial l_5}{\partial \gamma} \\[2mm] \dfrac{\partial l_6}{\partial x} & \dfrac{\partial l_6}{\partial y} & \dfrac{\partial l_6}{\partial z} & \dfrac{\partial l_6}{\partial \alpha} & \dfrac{\partial l_6}{\partial \beta} & \dfrac{\partial l_6}{\partial \gamma} \end{bmatrix} \begin{bmatrix} \Delta x^1 \\ \Delta y^1 \\ \Delta z^1 \\ \Delta \alpha^1 \\ \Delta \beta^1 \\ \Delta \gamma^1 \end{bmatrix} \tag{3-23}$$

第一次迭代后，对接环的位姿为 $x_1 = x_0 + \Delta x^1$，$y_1 = y_0 + \Delta y^1$，$z_1 = z_0 + \Delta z^1$，$\alpha_1 = \alpha_0 + \Delta \alpha^1$，$\beta_1 = \beta_0 + \Delta \beta^1$，$\gamma_1 = \gamma_0 + \Delta \gamma^1$。经反复迭代并检查误差在规定的误差范围内时，即完成了位置正解求解，如图 3-8 所示。

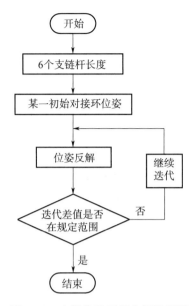

图 3 - 8　空间位置正解分析流程图

3.3.4　多点分布式对接与捕获机构运动学分析

以日本卡爪式自主对接机构为代表的对接与捕获机构，是比较典型的多点分布式对接与捕获机构，在对接过程中要分析主动端多个捕获点的捕获域是否能包含被动端被捕获结构的误差域，这是捕获成功的先决条件。

由于主动航天器与被动航天器在对接过程中有相对位姿误差，则其在 3 个移动和 3 个转动方向的相对误差见表 3 - 1。

表 3 - 1　对接过程航天器相对位姿误差统计表

误差类型	x	y	z	α	β	γ
误差值	$\pm \Delta x$	$\pm \Delta y$	$\pm \Delta z$	$\pm \Delta \alpha$	$\pm \Delta \beta$	$\pm \Delta \gamma$

由表 3 - 1 可以看出，两航天器相对位姿误差共有 $2^6 = 64$ 种，因此在分析过程中要分析 64 种工况下主动航天器对接机构对于被动航天器的可靠捕获情况。

此类对接与捕获机构的运动学分析可以按照如下步骤进行：

1）分别建立位于主动航天器与被动航天器对接与捕获机构的坐标系；

2）以被动航天器为相对静止航天器，主动航天器上的对接机构作为捕获端，用 D - H 法建立对接与捕获机构的坐标变换模型；

3）运用所建立的矩阵变换模型，分别分析 64 种相对误差工况对接机构关键点的运动空间；

4）根据得到的对接机构关键点误差数据，设计被动航天器上的捕获被动端结构参数，使得其容差域大于对接机构关键点的误差域。

本节利用一示例说明分析和计算过程。如图 3-9 所示，模块化卫星 A 星由机械臂辅助通过其上安装的两个对接与捕获机构主动端与 B 星上安装的对接与捕获机构被动端完成对接、捕获、锁紧动作。

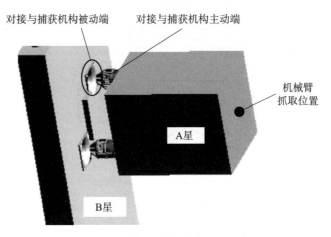

图 3-9　模块化对接与捕获机构示意图

（1）输入条件

机械臂相对位置精度：各方向±5 mm，机械臂姿态控制精度：±1°。A 卫星尺寸：长 300 mm，宽 300 mm，高 400 mm，对接与捕获机构主动端在 A 卫星上的安装位置如图 3-10 所示。

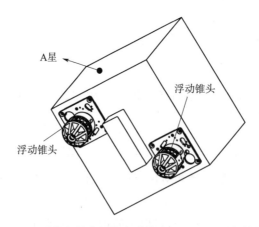

图 3-10　对接与捕获机构主动端在 A 卫星上的安装位置

（2）A 卫星上对接与捕获机构主动端的位置分析

以 A 卫星上表面中心点为原点，建立如图 3-11 所示的 O_m-$x_m y_m z_m$ 坐标系。为可靠地进行对接锁定，需要保证 A 卫星上两个对接与捕获机构主动端中的任意一个在任何状态下均能进入对接与捕获机构被动端中。先忽略主动端的尺寸，那么对接与捕获机构主动端可以用如图 3-11 中所示的关键点 A 和 B 来表示，A 和 B 点在 O_m-$x_m y_m z_m$ 坐标系中的位置分别为（85，85，－506.5）和（－85，－85，－506.5）。

　　由于机械臂末端抓捕位置存在位置和角度偏差，可以假设机械臂上的某固定位置为原点，建立如图 3-12 所示的 O_i-$x_iy_iz_i$ 固定坐标系，O_m-$x_my_mz_m$ 坐标系相对于 O_i-$x_iy_iz_i$ 固定坐标系存在位置和角度偏差。

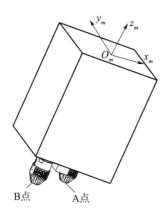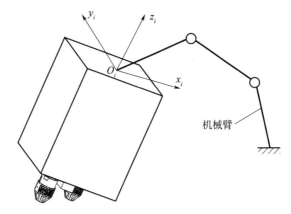

图 3-11　A 卫星上的坐标系 O_m-$x_my_mz_m$　　　　　图 3-12　固定坐标系 O_i-$x_iy_iz_i$

（3）代数容差性能分析和仿真

　　当 A 卫星被机械臂移动到预定位置后，由于机械臂末端存在相对位置和姿态误差，因此 A 卫星上 O_m-$x_my_mz_m$ 坐标系不可能与 O_i-$x_iy_iz_i$ 固定坐标系完全重合。O_m-$x_my_mz_m$ 坐标系变换相对 O_i-$x_iy_iz_i$ 固定坐标系变换定义为

$$_I^E P =_I^E T_I^E R \tag{3-24}$$

式中　$_I^E T$，$_I^E R$ ——O_m-$x_my_mz_m$ 坐标系相对 O_i-$x_iy_iz_i$ 固定坐标系的平移和转动变换矩阵。

　　经验证计算，当 φ、ψ 和 θ 的角度 $\leqslant 1°$ 时，O_m-$x_my_mz_m$ 坐标系相对 O_i-$x_iy_iz_i$ 固定坐标系绕 O_mx_m、O_my_m 和 O_mz_m 轴的转动顺序对 A、B、C 和 D 点的位置影响很小，因此只考虑 A 卫星中的 O_m-$x_my_mz_m$ 坐标系先绕 O_mx_m 轴转动角度 φ，再绕 O_my_m 轴转动角度 ψ，最后绕 O_mz_m 轴转动角度 θ 的情况。

　　假设 A 卫星某点在 O_m-$x_my_mz_m$ 坐标系下的坐标为 $Q_m = [x_m \quad y_m \quad z_m]^T$，则在 O_t-$x_ty_tz_t$ 坐标系下的坐标为 $Q_t = [x_t \quad y_t \quad z_t]^T$，它们之间的关系为

$$Q_t =_I^E P^1 Q_m \tag{3-25}$$

$$_I^E P^1 =_I^E T_I^E R \tag{3-26}$$

　　图 3-13～图 3-15 中的点表示 A 和 B 点在 O_i-$x_iy_iz_i$ 固定坐标系下的可能位置分布，根据计算结果可以得出：A 点沿着 O_ix_i 轴的变化范围为 $-70～-100$ mm，A 点沿着 O_iy_i 轴的变化范围为 $70～100$ mm，A 点沿着 O_iz_i 轴的变化范围为 $-498.5～-514.5$ mm；B 点沿着 O_ix_i 轴的变化范围为 $-100～-70$ mm，B 点沿着 O_iy_i 轴的变化范围为 $-100～-70$ mm，B 点沿着 O_iz_i 轴的变化范围为 $-478.5～-514.5$mm。

　　A 和 B 点在 $O_ix_iy_i$ 平面内的变换最大值 30 mm，则设计对接与捕获机构主动端部分的直径为 30 mm，对接与捕获机构被动端的直径为 84 mm，如图 3-16 所示。

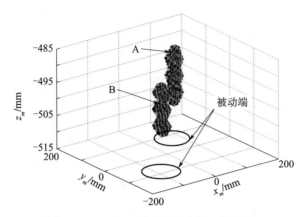

图 3-13　A 和 B 两点可能位置（轴测图）

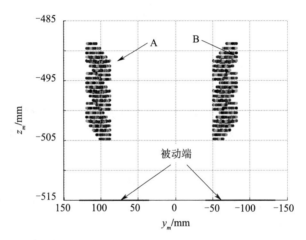

图 3-14　位置投影图（$O_m y_m z_m$ 平面）

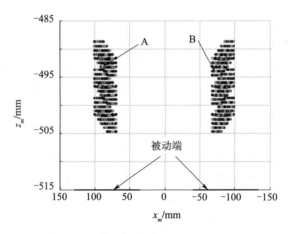

图 3-15　位置投影图（$O_m x_m z_m$ 平面）

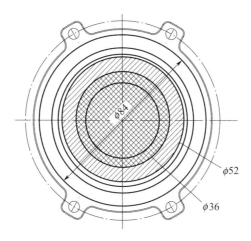

图 3 - 16　根据分析结果的机构被动端结构设计

3.4　对接与捕获机构动力学分析

对接与捕获机构用于在轨航天器交会对接的最终阶段，把两个航天器可靠地连为一体，是航天器在轨执行任务过程的一个关键性设备或装置。对接动力学和数学模型是研究对接机构的主要理论基础，本节在介绍航天器对接与捕获机构通用动力学模型的基础上，分别对典型的对接与捕获机构的动力学展开分析。

3.4.1　对接与捕获机构通用动力学模型

交会对接阶段的航天器仅涉及两个独立航天器的姿态进行单独控制，相比而言，两航天器对接过程更为复杂，不仅涉及两航天器的姿态精准化控制，还涉及两航天器对接过程由于接触、碰撞、缓冲等引起的复杂动力学问题。概括而言，对接过程的航天器包含主动航天器、被动航天器及对接与捕获机构，属于多体相互作用问题，仅考虑刚体情况就有 18 个自由度（被动航天器 6 个，主动航天器 6 个，主动对接与捕获机构 6 个）。

两个航天器对接时，一般的质心动力学方程如下

$$\begin{cases} m_1 \dfrac{\mathrm{d}\boldsymbol{v}_1}{\mathrm{d}t} = \boldsymbol{P} - \boldsymbol{F}_d - \dfrac{\mu}{r_1^3}\boldsymbol{r}_1 \\[2mm] m_2 \dfrac{\mathrm{d}\boldsymbol{v}_2}{\mathrm{d}t} = \boldsymbol{F}_m - \dfrac{\mu}{r_2^3}\boldsymbol{r}_2 \\[2mm] m_3 \dfrac{\mathrm{d}\boldsymbol{v}_3}{\mathrm{d}t} = \boldsymbol{F}_d - \boldsymbol{F}_m - \dfrac{\mu}{r_3^3}\boldsymbol{r}_3 \end{cases} \qquad (3-27)$$

式中　m_1，m_2，m_3——主动航天器、被动航天器及对接机构的质量；

$\boldsymbol{v}_1$，$\boldsymbol{v}_2$，$\boldsymbol{v}_3$——主动航天器、被动航天器及对接机构的质心速度；

$\boldsymbol{r}_1$，$\boldsymbol{r}_2$，$\boldsymbol{r}_3$——地心到主动航天器、被动航天器及对接机构质心速的矢径；

r_1，r_2，r_3——地心到主动航天器、被动航天器及对接机构质心速的矢径的模；

P ——主动航天器对接过程提供的推力；

F_m ——待求的对接过程相互接触点作用力；

F_d ——对接与捕获机构中缓冲器作用力。

该方程组中每个式子的最后一项表示重力的影响，在着重考虑三个物体间的相对运动时，可以忽略不计。

3.4.2　杆锥式对接与捕获机构动力学模型

（1）对接与捕获过程接触力

在对接过程中，导向头与对接锥之间的碰撞属于斜碰撞，同时存在法向接触力与切向接触力。将由碰撞所产生的力全部视为法向接触力，使用赫兹（Hertz）接触力 L - N 模型进行计算；切向接触力视为摩擦力，使用库伦（Coulomb）摩擦力模型计算，有法向接触力

$$F_n = K\delta^n + D\dot{\delta} \qquad (3-28)$$

式中　K ——两物体间的接触刚度；

δ ——两物体接触时的法向嵌入深度；

n ——非线性系数，金属碰撞时取 $3/2$；

D ——阻尼系数；

$\dot{\delta}$ ——法向相对运动速度。

接触刚度 K 由纯弹性接触时两物体的几何特性与材料决定，其计算式为

$$K = \frac{4}{3\left(\dfrac{1-\lambda_1^2}{E_1} + \dfrac{1-\lambda_2^2}{E_2}\right)} \sqrt{\dfrac{1}{\dfrac{1}{R_1} + \dfrac{1}{R_2}}} \qquad (3-29)$$

式中　E_1，E_2 ——两物体的弹性模量；

λ_1，λ_2 ——两物体的泊松比；

R_1，R_2 ——两物体的接触半径。

阻尼系数 D 为

$$D = \frac{3K(1-e^2)}{4v_0}\delta^n \qquad (3-30)$$

式中　v_0 ——两物体的初始相对速度；

e ——弹性恢复系数，一般定义为碰撞前法向速度差值与碰撞后法向速度差值的比值。

取两表面的滑动摩擦系数为 μ，则导向头与对接锥间的总接触力为

$$\boldsymbol{F}_c = \parallel \boldsymbol{F}_n + \mu \boldsymbol{F}_n \parallel = \sqrt{1+\mu^2}\,\boldsymbol{F}_n \qquad (3-31)$$

（2）导向头的动力学模型

如图 3-17 所示，对接过程中导向头所受外力主要为导向头与对接锥间的接触力，可将其分解为沿对接锥法向的接触力 F_{cn} 及沿对接锥切向的摩擦力 F_{ct}。将导向头所受外力平

移至基点处，法向接触力 F_{cn} 过基点 O_5，摩擦力 F_{ct} 与半球头相切，平移后附加一转矩 M_d，其大小为

$$M_d = \mu F_{cn} R \qquad (3-32)$$

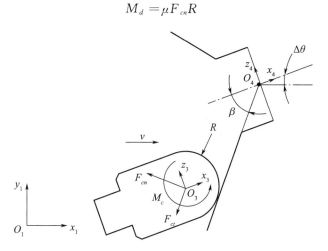

图 3-17　导向头受力分析示意图

将合外力分解后，可得到基点处的 x，y 方向的分力分别为

$$\begin{cases} F_{cx} = -F_{cn}[\sin(\beta + \Delta\theta) + \mu\cos(\beta + \Delta\theta)] \\ F_{cy} = F_{cn}[\cos(\beta + \Delta\theta) - \mu\sin(\beta + \Delta\theta)] \end{cases} \qquad (3-33)$$

由 Jourdian 原理可得到导向头在无约束条件下的动力学方程为

$$\delta\boldsymbol{R}_h^{\mathrm{T}}(m_h\ddot{r}_h - F_c) + \delta\boldsymbol{\theta}_h^{\mathrm{T}}(J_h\ddot{\theta}_h - M_c) = 0 \qquad (3-34)$$

式中　$\boldsymbol{R}_H$——球头半径；

　　　θ_h——x_3 轴与 x_1 轴间的夹角，即角度的广义坐标；

　　　m_h——导向头的质量；

　　　J_h——导向头绕基点转动的转动惯量。

（3）刚柔耦合动力学模型

对于杆锥式对接机构，其对接杆可以是刚性杆也可以是柔性杆，刚性杆的分析模型较为成熟，有大量的文献进行了论述，本节分析柔性杆对接过程的动力学行为。

使用截面法对柔性杆偏转方向进行截取，所截得的对接系统的简化模型及其坐标系如图 3-18 所示。使用梁单元划分柔性杆，其单元数为 n，则系统的广义坐标列阵为

$$\boldsymbol{q} = [e_1 \quad e_2 \quad e_3 \quad e_4 \quad \cdots \quad e_{4n} \quad e_{4n+1} \quad e_{4n+2} \quad e_{4n+3}]^{\mathrm{T}} \qquad (3-35)$$

系统的广义坐标数为 $4n+3$ 个，其中，$e_1 \sim e_{4n}$ 为柔性杆的节点坐标，$e_{4n+1} \sim e_{4n+3}$ 为导向头的位置及姿态坐标。在对接过程中，被动航天器视为固定，主动航天器沿 x 方向运动，其运动状态已知，与柔性杆动力学性能间的耦合较低，两航天器的位姿坐标主要从运动学角度计算捕获过程中每一时刻的捕获可行性及接触点位置。

由 Jourdian 原理可得

$$\delta\boldsymbol{q}^{\mathrm{T}}(M\ddot{q} + Q_s - Q_a) + \delta\boldsymbol{r}_h^{\mathrm{T}}(m_h\ddot{r}_h - F_c) + \delta\boldsymbol{\theta}_h^{\mathrm{T}}(J_h\ddot{\theta}_h - M_c) = 0 \qquad (3-36)$$

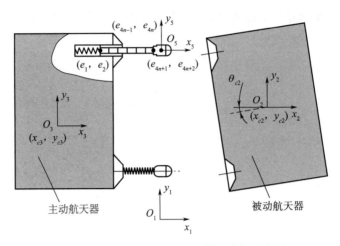

图 3-18 对接系统的动力学模型分析示意图

将其组集为矩阵形式，设系统的总质量阵、节点坐标阵、刚度阵分别为 $\boldsymbol{M}_d$、$\boldsymbol{q}_d$、$\boldsymbol{Q}_d$ 有

$$\boldsymbol{M}_d = \begin{bmatrix} M & & & \\ & m_h & & \\ & & m_h & \\ & & & J_h \end{bmatrix}, \boldsymbol{q}_d = \begin{bmatrix} q \\ x_h \\ y_h \\ \theta_h \end{bmatrix}, \boldsymbol{Q}_d = \begin{bmatrix} Q_a - Q_s \\ F_{cx} \\ F_{cy} \\ M_c \end{bmatrix} \tag{3-37}$$

则系统的动力学方程为

$$\boldsymbol{M}_d \boldsymbol{q}_d = \boldsymbol{Q}_d \tag{3-38}$$

求得系统的动力学方程后，将各个部件之间的运动约束引入。系统内的运动约束主要包括：1）柔性杆始端与主动航天器间在 y 方向、转动方向的约束；2）柔性杆末端与导向头间的固定约束。约束方程可表示为

$$\boldsymbol{\Phi} = [\Phi_1 \quad \Phi_2 \quad \Phi_3 \quad \Phi_4 \quad \Phi_5 \quad \Phi_6]^T = \boldsymbol{0} \tag{3-39}$$

设初始状态下柔性杆始端 y 坐标为 y_0，与 x 轴之间的夹角为 0，则柔性杆与主动航天器间的约束方程为

$$\begin{bmatrix} \Phi_1 \\ \Phi_2 \\ \Phi_3 \end{bmatrix} = \begin{bmatrix} e_2 - y_0 \\ e_3 - 1 \\ e_4 \end{bmatrix} = \begin{bmatrix} 0 \\ 0 \\ 0 \end{bmatrix} \tag{3-40}$$

在连体基 $x_5 O_5 y_5$ 下，导向头与柔性杆末端固接点的坐标为 $(-l_h \quad 0)$。由惯性坐标系到连体基 $x_5 O_5 y_5$ 的旋转矩阵为

$$^5\boldsymbol{A}_I = \begin{bmatrix} \cos\theta_h & -\sin\theta_h \\ \sin\theta_h & \cos\theta_h \end{bmatrix} \tag{3-41}$$

则导向头与柔性杆末端的位置约束方程为

$$\begin{bmatrix} \Phi_4 \\ \Phi_5 \end{bmatrix} = \begin{bmatrix} e_{4n-3} \\ e_{4n-2} \end{bmatrix} - \left(\begin{bmatrix} x_h \\ y_h \end{bmatrix} + {}^5\boldsymbol{A}_I \begin{bmatrix} -l_h \\ 0 \end{bmatrix} \right) = \begin{bmatrix} 0 \\ 0 \end{bmatrix} \tag{3-42}$$

导向头连体基 y_1 轴与柔性杆末端截面方向垂直，则导向头与柔性杆末端的角度约束方程为

$$\boldsymbol{\Phi}_6 = \boldsymbol{n} \cdot \boldsymbol{y}_1 = \begin{bmatrix} e_{4n-1} \\ e_{4n} \end{bmatrix}^5 \boldsymbol{A}_I \begin{bmatrix} 0 \\ 1 \end{bmatrix} = 0 \tag{3-43}$$

使用拉格朗日乘子法将上述约束方程引入，可得到单模块对接下的刚柔耦合动力学方程为

$$\begin{bmatrix} \boldsymbol{M}_d & \boldsymbol{\Phi}_e^{\mathrm{T}} \\ \boldsymbol{\Phi}_e & 0 \end{bmatrix} \begin{bmatrix} \boldsymbol{q}_d \\ \boldsymbol{\lambda} \end{bmatrix} = \begin{bmatrix} \boldsymbol{Q}_d \\ \boldsymbol{\xi} \end{bmatrix} \tag{3-44}$$

式中 $\boldsymbol{\lambda}$ ——拉格朗日乘子矩阵，表示理想约束力。

约束方程中所需要的 6 阶坐标列阵 $\boldsymbol{\xi}$ 为

$$\boldsymbol{\xi} = -[(\boldsymbol{\Phi}_e \dot{e})_e \dot{e} + 2\Phi_{et}\dot{e} + \Phi_{tt}] \tag{3-45}$$

$$= \begin{bmatrix} 0 & 0 & 0 & l_h \dot{\theta}_h^2 \cos\theta_h & l_h \dot{\theta}_h^2 \sin\theta_h & AA \end{bmatrix}$$

其中

$$\boldsymbol{AA} = \dot{\theta}_h^2 (e_{n-1}\sin\theta_h - e_n\cos\theta_h) - 2\dot{\theta}_h(\dot{e}_{n-1}\cos\theta_h - \dot{e}_n\sin\theta_h)$$

约束方程 Φ 对坐标阵 $\boldsymbol{q}_d$ 的 Jacobian 矩阵为

$$\boldsymbol{\Phi}_q = \begin{bmatrix} \frac{\partial \Phi_1}{\partial e_1} & \cdots & \frac{\partial \Phi_1}{\partial \theta_h} \\ \vdots & \ddots & \vdots \\ \frac{\partial \Phi_6}{\partial e_1} & \cdots & \frac{\partial \Phi_6}{\partial \theta_h} \end{bmatrix} = \begin{bmatrix} 0 & 1 & 0 & 0 & \cdots & 0 & 0 & 0 & 0 & 0 & 0 & 0 \\ 0 & 0 & 1 & 0 & \cdots & 0 & 0 & 0 & 0 & 0 & 0 & 0 \\ 0 & 0 & 0 & 1 & \cdots & 0 & 0 & 0 & 0 & 0 & 0 & 0 \\ 0 & 0 & 0 & 0 & \cdots & 1 & 0 & 0 & 0 & -1 & 0 & -l_h \mathrm{s}\theta_h \\ 0 & 0 & 0 & 0 & \cdots & 0 & 1 & 0 & 0 & 0 & -1 & l_h \mathrm{c}\theta_h \\ 0 & 0 & 0 & 0 & \cdots & 0 & 0 & \mathrm{s}\theta_h & -\mathrm{c}\theta_h & 0 & 0 & e_{n-1}\mathrm{c}\theta_h + e_n\mathrm{s}\theta_h \end{bmatrix} \tag{3-46}$$

其中，$\mathrm{s}=\sin$，$\mathrm{c}=\cos$。

3.4.3 并联式对接与捕获机构动力学模型

在建模过程中，进行如下假设：

1）主动航天器、被动航天器以及主动捕获环均为刚体，不考虑航天器上的挠性附件及液体晃动的影响；

2）仅考虑相接触元件的变形，但不考虑变形波的传播；

3）接触点处无摩擦。

图 3-19 中，$O_1-x_1y_1z_1$、$O_2-x_2y_2z_2$、$O_3-x_3y_3z_3$ 分别为主动航天器、被动航天器及对接与捕获机构坐标系。

（1）对接过程接触点的确定

此类对接机构通过主动航天器的导向瓣与被动航天器的导向瓣接触、碰撞并进行位姿纠正，由于对接过程两航天器的导向瓣及对接机构的捕获环均参与对接过程，因此会发生彼此之间的接触，在进行动力学建模及分析之前，需要首先确定三体之间的接触点。

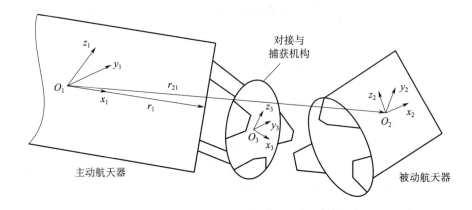

图 3 - 19　并联式对接与捕获机构对接过程坐标系示意图

以异体同构周边式对接机构为代表的并联式对接与捕获机构在对接中共可能出现三大类 20 个接触点，分别为：

1）瓣-瓣类，导向瓣与导向瓣相接触，共有 6 个接触点。

2）瓣-环类，导向瓣与对接机构捕获环的四周相接触，共有 12 个接触点。

3）环-环类，主动航天器与被动航天器捕获环边缘与捕获环环面接触，共有 2 个可能的接触点。

限于篇幅，关于上述 20 个接触点的具体确定方法可参考相关文献。

（2）接触力模型

当两个航天器相互接触时，产生的接触力会使两个航天器的结构在接触处发生变形。定义变形量 δ_v 为相接触元件在沿接触点的公法线方向的相互"侵入"量。由图 3 - 20 可知，对于各种可能的接触情况存在如下的矢量方程

$$\begin{cases} \boldsymbol{r}_1 + \boldsymbol{r}_3 + \boldsymbol{g}_i^0 + \boldsymbol{g}_i(u) - \boldsymbol{P}(\omega) - \boldsymbol{q}_j(v) - \boldsymbol{q}_j^0 - \boldsymbol{r}_2 - \boldsymbol{r}_{21} = \boldsymbol{0}, k = 1 \sim 6; i,j = 1 \sim 6 \\ \boldsymbol{r}_1 + \boldsymbol{r}_3 + \boldsymbol{g}_i^0 + \boldsymbol{g}_i(u) - \boldsymbol{P}(\omega) - \boldsymbol{q}_7(v) - \boldsymbol{r}_2 - \boldsymbol{r}_{21} = \boldsymbol{0}, k = 7,8; i = 1 \sim 6 \\ \boldsymbol{r}_1 + \boldsymbol{r}_3 + \boldsymbol{g}_7(u) + \boldsymbol{P}(\omega) - \boldsymbol{q}_j(v) - \boldsymbol{q}_j^0 - \boldsymbol{r}_2 - \boldsymbol{r}_{21} = \boldsymbol{0}, k = 13,14; j = 1 \sim 6 \\ \boldsymbol{r}_1 + \boldsymbol{r}_3 + \boldsymbol{g}_{19}(u,v) + \boldsymbol{P}(\omega) - \boldsymbol{q}_{19} - \boldsymbol{r}_2 - \boldsymbol{r}_{21} = \boldsymbol{0}, k = 19 \\ \boldsymbol{r}_1 + \boldsymbol{r}_3 + \boldsymbol{g}_{20} - \boldsymbol{P}(\omega) - \boldsymbol{q}_{20}(u,v) - \boldsymbol{r}_2 - \boldsymbol{r}_{21} = \boldsymbol{0}, k = 20 \end{cases}$$

$$(3 - 47)$$

式中　$\boldsymbol{r}_1$ ——主动捕获环处于折叠状态时环心的位置矢量；

　　　$\boldsymbol{r}_3$ ——主动捕获环处于折叠位置及伸出后处于任意位置时环心间的矢量；

　　　$\boldsymbol{r}_2$ ——被动航天器质心到其捕获环环心间的矢量；

　　　$\boldsymbol{r}_{21}$ ——主动及被动航天器质心间的矢量；

　　　$\boldsymbol{g}_i^0$，$\boldsymbol{q}_j^0$ ——主动及被动航天器捕获环环心到其上每个导向瓣根部矢量；

　　　$\boldsymbol{g}_i(u)$，$\boldsymbol{q}_j(v)$ ——主动及被动航天器捕获环各导向瓣边缘线段矢量，$u > 0$，$v < 1$；

　　　$\boldsymbol{g}_7(u)$，$\boldsymbol{q}_7(v)$ ——确定接触点在主动及被动航天器捕获环周边上的位置矢量，

　　　　　　　　　　$u \geqslant 0$，$v \leqslant 2\pi$；

g_{19}，q_{19}，g_{20}，q_{20}——确定 19 及 20 种接触点在捕获环周边及环面上的位置矢量。

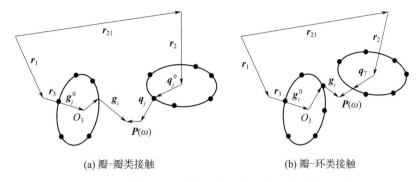

(a) 瓣-瓣类接触   (b) 瓣-环类接触

图 3-20 并联式对接机构对接过程两类接触情况示意图

$\boldsymbol{\delta}_v$ 为接触点公法线方向的单位矢量可表示为 $\boldsymbol{\delta}_v = \boldsymbol{P}(\omega) \cdot \boldsymbol{n}_v$。对于两各向同性材料物体的接触力模型可采用赫兹接触力模型，考虑到碰撞中存在能量的消耗，并认为能量的损失是由于材料的阻尼引起的，为此采用如下的接触力模型

$$\boldsymbol{F}_v = K_v \delta_v \boldsymbol{n}_v + C_v \dot{\delta}_v \boldsymbol{n}_v \qquad (3-48)$$

式中　K_v——相互接触物体的刚度；

　　　C_v——阻尼系数。

（3）缓冲机构模型

我国神舟系列飞船对接与捕获机构采用的是经典的异体同构周边式对接机构，该机构为了保证可靠捕获，采用的是通过一定的动能撞击进而实现捕获锁可靠捕获的目的，但该种捕获方式会带来冲击能量过大的问题，如果不进行缓冲和能量吸收，可能会造成航天器结构的损坏。基于此，在对接与捕获机构中一般会设置缓冲机构来吸收冲击能量。建模时假定缓冲机构产生的力和力矩取决于缓冲器的运动量及运动量的一阶导数和二阶导数，则缓冲力 F_a 和力矩 M_a 分量可表示为

$$\begin{cases} F_{ax} = -F_{0x} - K_x(r_{3x} - r_{3x}^0) - C_x \dot{r}_{3x} - m_x \ddot{r}_{3x} \\ F_{ay} = -F_{0y} - K_y(r_{3y} - r_{3y}^0) - C_y \dot{r}_{3y} - m_y \ddot{r}_{3y} \\ F_{az} = -F_{0z} - K_z(r_{3z} - r_{3z}^0) - C_z \dot{r}_{3z} - m_z \ddot{r}_{3z} \\ M_{a\varphi} = -M_{0\varphi} - K_\varphi \varphi_3 - C_\varphi \dot{\varphi}_3 - I_\varphi \ddot{\varphi}_3 \\ M_{a\psi} = -M_{0\psi} - K_\psi \psi_3 - C_\psi \dot{\psi}_3 - I_\psi \ddot{\psi}_3 \\ M_{a\theta} = -M_{0\theta} - K_\theta \theta_3 - C_\theta \dot{\theta}_3 - I_\theta \ddot{\theta}_3 \end{cases} \qquad (3-49)$$

式中　F_{0x}，F_{0y}，F_{0z}，$M_{0\varphi}$，$M_{0\psi}$，$M_{0\theta}$——缓冲系统的等效预紧力和预紧力矩分量；

　　　K——等效刚度；

　　　C——等效阻尼；

　　　m，I——等效质量和转动惯量。

（4）运动方程

①对接过程的运动方程

两航天器对接与捕获运动方程可表示为

$$\begin{cases} \dfrac{\mathrm{d}\boldsymbol{v}_{21}}{\mathrm{d}t} = \dfrac{\boldsymbol{F}_a - \boldsymbol{F}_y}{m_1} - \dfrac{\boldsymbol{F}_v}{m_2} - \boldsymbol{\omega}_1 \times \boldsymbol{v}_{21} \\[2mm] \dfrac{\mathrm{d}\boldsymbol{r}_{21}}{\mathrm{d}t} = \boldsymbol{v}_{21} - \boldsymbol{\omega}_1 \times \boldsymbol{r}_{21} \\[2mm] \boldsymbol{I}_1 \dfrac{\mathrm{d}\boldsymbol{\omega}_1}{\mathrm{d}t} + \boldsymbol{\omega}_1 \times (\boldsymbol{I}_1 \cdot \boldsymbol{\omega}_1) = -(\boldsymbol{M}_a + \boldsymbol{r}_{31} \times \boldsymbol{F}_a) \\[2mm] \boldsymbol{I}_2 \dfrac{\mathrm{d}\boldsymbol{\omega}_2}{\mathrm{d}t} + \boldsymbol{\omega}_2 \times (\boldsymbol{I}_2 \cdot \boldsymbol{\omega}_2) = \boldsymbol{r}_{k2} \times \boldsymbol{F}_v \\[2mm] \dfrac{\mathrm{d}\boldsymbol{v}_{31}}{\mathrm{d}t} = \dfrac{\boldsymbol{F}_a - \boldsymbol{F}_y}{m_1} + \dfrac{\boldsymbol{F}_a + \boldsymbol{F}_v}{m_3} - \boldsymbol{\omega}_1 \times \boldsymbol{v}_{31} \\[2mm] \dfrac{\mathrm{d}\boldsymbol{r}_{31}}{\mathrm{d}t} = \boldsymbol{v}_{31} - \boldsymbol{\omega}_1 \times \boldsymbol{r}_{31} \\[2mm] \boldsymbol{I}_3 \dfrac{\mathrm{d}\boldsymbol{\omega}_3}{\mathrm{d}t} + \boldsymbol{\omega}_3 \times (\boldsymbol{I}_3 \cdot \boldsymbol{\omega}_3) = \boldsymbol{r}_{k3} \times \boldsymbol{F}_v + \boldsymbol{M}_a \end{cases} \quad (3-50)$$

式中　$\boldsymbol{v}_{21}$——两对接航天器质心间的相对速度；

　　　$\boldsymbol{v}_{31}$——对接机构主动捕获环相对于主动航天器的速度；

　　　m——质量；

　　　$\boldsymbol{I}$——惯量张量；

　　　$\boldsymbol{\omega}$——角速度，下标1~3分别表示主动、被动航天器及主动捕获环；

　　　$\boldsymbol{F}_y$——主动航天器发动机推力；

　　　$\boldsymbol{F}_a$，$\boldsymbol{M}_a$，$\boldsymbol{F}_v$——作用于主动捕获环上的缓冲力、力矩及接触力；

　　　$\boldsymbol{r}_{k2}$——接触点至被捕获航天器质心的矢径；

　　　$\boldsymbol{r}_{k3}$——接触点至主动捕获环环心的矢径。

②校正阶段运动方程

当两航天器实现可靠捕获后，发动机停止工作，则 $F_y = 0$。两航天器及对接机构成为一个整体，可认为 $\varphi_3 = \varphi$，$\theta_3 = \theta$，$\psi_3 = \psi$，则此阶段的运动方程可表示为

$$\begin{cases} \dfrac{\mathrm{d}\boldsymbol{v}_{21}}{\mathrm{d}t} = \dfrac{\boldsymbol{F}_a}{m_1} + \dfrac{\boldsymbol{F}_a}{m_2} - \boldsymbol{\omega}_1 \times \boldsymbol{v}_{21} \\[2mm] \dfrac{\mathrm{d}\boldsymbol{r}_{21}}{\mathrm{d}t} = \boldsymbol{v}_{21} - \boldsymbol{\omega}_1 \times \boldsymbol{r}_{21} \\[2mm] \boldsymbol{I}_1 \dfrac{\mathrm{d}\boldsymbol{\omega}_1}{\mathrm{d}t} + \boldsymbol{\omega}_1 \times (\boldsymbol{I}_1 \cdot \boldsymbol{\omega}_1) = -(\boldsymbol{M}_a + \boldsymbol{r}_{31} \times \boldsymbol{F}_a) \\[2mm] \boldsymbol{I}_2 \dfrac{\mathrm{d}\boldsymbol{\omega}_2}{\mathrm{d}t} + \boldsymbol{\omega}_2 \times (\boldsymbol{I}_2 \cdot \boldsymbol{\omega}_2) = \boldsymbol{r}_2 \times \boldsymbol{F}_a + \boldsymbol{M}_a \end{cases} \quad (3-51)$$

3.4.4　多点分布式对接与捕获机构动力学模型

如图 3-21 所示的几种已在轨成功应用的多点分布式对接与捕获机构，其共同的特点是在机械臂辅助操控下进行的，因此多点分布式对接与捕获机构在未来实际应用中多数情况下也需要通过机械臂辅助进行。为了更具有普遍性，在进行机械臂-对接与捕获机构组合体动力学分析时，也需要考虑机械臂的共同作用。同时，从图中也可以看出，这几种对接与捕获机构采用的都是锁钩捕获的方式，因此在进行对接机构动力学分析时，以锁钩为代表，如此更具有参考性和通用性。

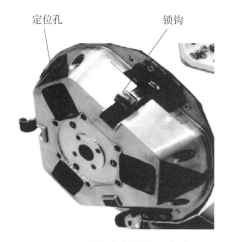

(a) 日本暴露平台设备交换单元

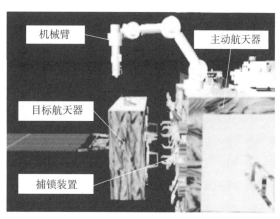

(b) ETS-VII卡爪式对接与捕获机构

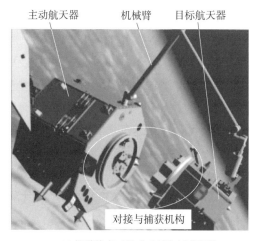

(c) 轨道快车三爪式对接与捕获机构

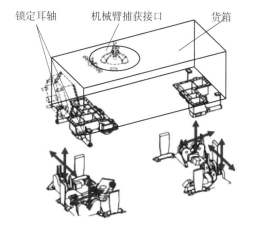

(d) 奋进号航天飞机货盘重复对接与捕获机构

图 3-21　几种典型的多点分布式对接与捕获机构

（1）机械臂-对接与捕获机构组合体动力学模型

多点分布式对接与捕获机构在机械臂辅助下在轨执行任务时，航天器利用姿轨控系统保证自身姿态稳定。对接与捕获机构与机械臂均固定在航天器载荷平台上，形成一个多刚体系。考虑捕获过程产生的接触碰撞力对航天器载荷平台的位姿影响，则分析过程中需要将航天器载荷平台视为漂浮基座，所以本节对机械臂与捕获机构均安装在漂浮基座上的情况进行动力学建模分析。

在捕获过程开始之前，七自由度机械臂抓取并携带有效载荷至系统捕获域内并调整载荷到稳定状态，使载荷与捕锁系统相对静止。此时机械臂末端执行器锁定载荷手柄，与载荷形成一个整体。由于机械臂末端关节与载荷固结为一个刚体，所以组合体的运动学模型与机械臂的运动学模型相同。组合体的动力学模型与机械臂的动力学模型相比，仅改变了最后一个臂杆的质心、转动惯量等参数。

建立机械臂-载荷组合体系统坐标系：全局坐标系 Σ_I；航天器坐标系 Σ_B，组合体末端坐标系 Σ_E，原点为末端关节与载荷形成刚体的质心，连杆连体坐标系为 $\Sigma_L\{\Sigma_i\}$ $(i=1,2,\cdots,7)$，如图 3-22 所示。

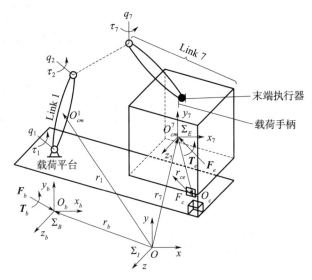

图 3-22　机械臂-载荷组合体模型

机械臂杆件之间的齐次坐标转化矩阵可以表示为

$$
{}^{i}\boldsymbol{A}_{i+1} = \begin{bmatrix} c\theta_i & -s\theta_i c\alpha_i & s\theta_i s\alpha_i & a_i c\theta_i \\ s\theta_i & c\theta_i c\alpha_i & -c\theta_i s\alpha_i & a_i s\theta_i \\ 0 & s\alpha_i & c\alpha_i & d_i \\ 0 & 0 & 0 & 1 \end{bmatrix} \tag{3-52}
$$

式中，c=cos；s=sin。

机械臂任意连杆坐标系至航天器坐标系的变换矩阵为

$$
{}^{B}\boldsymbol{A}_i = {}^{B}\boldsymbol{A}_1 \cdots {}^{i-1}\boldsymbol{A}_i \tag{3-53}
$$

若航天器坐标系至全局坐标系的转换矩阵为 ${}^{I}\boldsymbol{A}_B$，则机械臂任意连杆坐标系至全局坐标系的转换矩阵为

$$
{}^{I}\boldsymbol{A}_i = {}^{I}\boldsymbol{A}_B {}^{B}\boldsymbol{A}_i \tag{3-54}
$$

机械臂连杆关系如图 3 - 23 所示，Σ_I 为全局坐标系。O_i 是连杆 $i-1$ 与连杆 i 的连接点，O_{cm}^i 是连杆 i 的质心，b_i 为全局坐标系下点 O_{cm}^i 至点 O_{i+1} 的矢量，c_i 为全局坐标系下点 O_i 至点 O_{cm}^i 的矢量，R_i 为全局坐标系下点 O_i 的位置矢量，r_i 为全局坐标系下点 O_{cm}^i 的位置矢量。

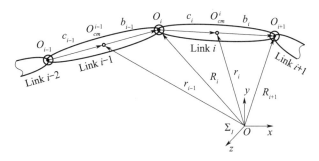

图 3 - 23　机械臂连杆关系

连杆质心位置可以表示为

$$\boldsymbol{r}_i = \boldsymbol{r}_{i-1} + \boldsymbol{b}_{i-1} + \boldsymbol{c}_i \tag{3-55}$$

经推导，连杆的质心速度可以表示为

$$\boldsymbol{v}_i = \dot{\boldsymbol{r}}_i = \boldsymbol{v}_{i-1} + \boldsymbol{\omega}_{i-1} \times \boldsymbol{b}_{i-1} + \boldsymbol{\omega}_i \times \boldsymbol{c}_i \tag{3-56}$$

式中　　$\boldsymbol{b}_{i-1}$，$\boldsymbol{c}_i$ ——连体坐标系中是常值，相对导数为 0；

$\boldsymbol{\omega}_{i-1}$ ——连杆 $i-1$ 的角速度（rad/s）；

$\boldsymbol{\omega}_i$ ——连杆 i 的角速度（rad/s）。

若坐标系 Σ_m 至全局坐标系的转换矩阵为 ${}^I\!\boldsymbol{A}_m$，则存在一转轴（矢量为 $\boldsymbol{j}$）和一转角 q，使 ${}^I\!\boldsymbol{A}_m = \boldsymbol{A}_j(\boldsymbol{q})$。对 ${}^I\!\boldsymbol{A}_m$ 求导可得

$${}^I\!\dot{\boldsymbol{A}}_m = \frac{\mathrm{d}}{\mathrm{d}t}\boldsymbol{A}_j(\boldsymbol{q}) = \left[\frac{\partial}{\partial \boldsymbol{q}}\boldsymbol{A}_j(\boldsymbol{q})\right]\frac{\mathrm{d}\boldsymbol{q}}{\mathrm{d}t} = \dot{\boldsymbol{q}}\frac{\partial}{\partial \boldsymbol{q}}\boldsymbol{A}_j(\boldsymbol{q}) \tag{3-57}$$

结合欧拉公式得到

$$\frac{\partial}{\partial \boldsymbol{q}}\boldsymbol{A}_j(\boldsymbol{q}) = \boldsymbol{k} \times \boldsymbol{A}_j(\boldsymbol{q}) = \boldsymbol{j} \times {}^I\!\boldsymbol{A}_m \tag{3-58}$$

则式（3 - 57）又可表示为

$${}^I\!\dot{\boldsymbol{A}}_m = \dot{\boldsymbol{q}}\boldsymbol{j} \times {}^I\!\boldsymbol{A}_m = \boldsymbol{\omega}_m \times {}^I\!\boldsymbol{A}_m \tag{3-59}$$

其中

$$\boldsymbol{\omega}_m = \dot{\boldsymbol{q}}\boldsymbol{j}$$

式中　　$\boldsymbol{\omega}_m$ ——坐标系 Σ_m 相对全局坐标系的角速度。

${}^I\!\boldsymbol{A}_i$ 为连杆 i 连体坐标系 Σ_i 相对全局坐标系的转换矩阵，对 ${}^I\!\boldsymbol{A}_i$ 求导得

$${}^I\!\dot{\boldsymbol{A}}_i = \sum_{j=0}^{i}\dot{\boldsymbol{q}}_j\boldsymbol{k}_j \times {}^I\!\boldsymbol{A}_i = \boldsymbol{\omega}_i \times {}^I\!\boldsymbol{A}_i \tag{3-60}$$

连杆质心角速度的表达式为

$$\boldsymbol{\omega}_i = \sum_{j=0}^{i} \dot{\boldsymbol{q}}_j \boldsymbol{k}_j = \boldsymbol{\omega}_{i-1} + \dot{\boldsymbol{q}}_i \boldsymbol{k}_i \tag{3-61}$$

推导机械臂各连杆在全局坐标系中的质心速度和角速度

$$\begin{cases} {}^I\boldsymbol{v}_i = {}^I\boldsymbol{v}_{i-1} + {}^I\boldsymbol{\omega}_{i-1} \times {}^I\boldsymbol{b}_{i-1} + {}^I\boldsymbol{\omega}_i \times {}^I\boldsymbol{c}_i \\ {}^I\boldsymbol{\omega}_i = {}^I\boldsymbol{\omega}_{i-1} + {}^I\boldsymbol{A}_i{}^i\boldsymbol{k}_i\dot{\boldsymbol{q}}_i \end{cases} \tag{3-62}$$

式（3-62）对时间求导，得到连杆的加速度

$${}^I\dot{\boldsymbol{v}}_i = {}^I\dot{\boldsymbol{v}}_{i-1} + {}^I\dot{\boldsymbol{\omega}}_{i-1} \times {}^I\boldsymbol{b}_{i-1} + {}^I\boldsymbol{\omega}_{i-1} \times ({}^I\boldsymbol{\omega}_{i-1} \times {}^I\boldsymbol{b}_{i-1}) + {}^I\dot{\boldsymbol{\omega}}_i \times {}^I\boldsymbol{c}_i + {}^I\boldsymbol{\omega}_i \times ({}^I\boldsymbol{\omega}_i \times {}^I\boldsymbol{c}_i)$$

$$\tag{3-63}$$

$${}^I\dot{\boldsymbol{\omega}}_i = {}^I\dot{\boldsymbol{\omega}}_{i-1} + {}^I\boldsymbol{A}_i{}^i\boldsymbol{k}_i\dot{\boldsymbol{q}}_i \tag{3-64}$$

以机械臂-载荷组合体为研究对象，利用拉格朗日法建立动力学模型

$$\begin{cases} \dfrac{\mathrm{d}}{\mathrm{d}t}\left(\dfrac{\partial L}{\partial \dot{\boldsymbol{\varphi}}}\right) - \dfrac{\partial L}{\partial \boldsymbol{\varphi}} + \dfrac{\partial \psi}{\partial \dot{\boldsymbol{\varphi}}} = \boldsymbol{Q} \\ L = E - V \end{cases} \tag{3-65}$$

式中　L——拉格朗日函数（J）；

　　　E——系统动能（J）；

　　　V——系统势能（J）；

　　　ψ——系统损耗能（J）；

　　　$\boldsymbol{\varphi}$——组合体广义坐标；

　　　$\boldsymbol{Q}$——非保守主动力系所对应的广义力阵。

广义坐标选取为

$$\boldsymbol{\varphi} = \begin{bmatrix} \boldsymbol{x}_b^{\mathrm{T}} & \boldsymbol{q}^{\mathrm{T}} \end{bmatrix}^{\mathrm{T}} \tag{3-66}$$

式中　$\boldsymbol{x}_b$——航天器对应的广义坐标；

　　　$\boldsymbol{q}$——机械臂关节对应的广义坐标。

广义力阵为

$$\boldsymbol{Q} = \begin{bmatrix} \boldsymbol{F}_b & \boldsymbol{\tau}_m \end{bmatrix}^{\mathrm{T}} + \begin{bmatrix} \boldsymbol{J}_b^{\mathrm{T}} & \boldsymbol{J}_m^{\mathrm{T}} \end{bmatrix}^{\mathrm{T}} \boldsymbol{F}_e \tag{3-67}$$

式中　$\boldsymbol{F}_b$——航天器所受到的姿轨控驱动力和外力/力矩；

　　　$\boldsymbol{\tau}_m$——机械臂关节驱动力矩矩阵；

　　　$\boldsymbol{J}_b$——航天器运动雅克比矩阵；

　　　$\boldsymbol{J}_m$——机械臂运动雅克比矩阵；

　　　$\boldsymbol{F}_e$——机械臂末端所受外力/力矩。

可得到机械臂连杆的动能为

$$T_i = \frac{1}{2}m_i\dot{\boldsymbol{v}}_i^{\mathrm{T}} \cdot \dot{\boldsymbol{v}}_i + \frac{1}{2}\boldsymbol{\omega}_i^{\mathrm{T}} \cdot \boldsymbol{J}_i \cdot \boldsymbol{\omega}_i = \frac{1}{2}\begin{bmatrix} \boldsymbol{v}_i \\ \boldsymbol{\omega}_i \end{bmatrix}^{\mathrm{T}} \begin{bmatrix} m_i\boldsymbol{I}_3 & \boldsymbol{0} \\ \boldsymbol{0} & \boldsymbol{J}_i \end{bmatrix} \begin{bmatrix} \boldsymbol{v}_i \\ \boldsymbol{\omega}_i \end{bmatrix} \tag{3-68}$$

式中　m_i——连杆 i 的质量（kg）；

　　　$\boldsymbol{J}_i$——连杆 i 相对质心系的惯量阵，为常值。

根据式（3-61）及式（3-62）有

$$\begin{cases} \boldsymbol{\omega}_i = \sum_{j=0}^{i} \dot{\boldsymbol{q}}_i \boldsymbol{k}_j = \boldsymbol{\omega}_b + \sum_{j=1}^{i} \dot{\boldsymbol{q}}_i \boldsymbol{k}_j \\ \boldsymbol{v}_i = \boldsymbol{v}_b + \boldsymbol{\omega}_b \times (\boldsymbol{r}_i - \boldsymbol{r}_b) + \sum_{j=1}^{i} \dot{\boldsymbol{q}}_j \boldsymbol{k}_j \times (\boldsymbol{r}_i - \boldsymbol{R}_j) \end{cases} \quad (3-69)$$

令

$$\boldsymbol{r}_{ib} = \boldsymbol{r}_i - \boldsymbol{r}_b \quad (3-70)$$

由式（3-69）可得

$$\begin{bmatrix} \boldsymbol{v}_i \\ \boldsymbol{\omega}_i \end{bmatrix} = \begin{bmatrix} \boldsymbol{I}_3 & \hat{\boldsymbol{r}}_{ib} \\ \boldsymbol{0} & \boldsymbol{I}_3 \end{bmatrix} \begin{bmatrix} \boldsymbol{v}_b \\ \boldsymbol{\omega}_b \end{bmatrix} + \boldsymbol{J}_{mi} \dot{\boldsymbol{q}} \quad (3-71)$$

式中　$\boldsymbol{I}_3$——3 阶单位阵；

　　　$\hat{\boldsymbol{r}}_{ib}$——矢量 $\boldsymbol{r}_{ib}$ 的叉乘矩阵；

　　　$\boldsymbol{J}_{mi}$——机械臂任意连杆的雅克比矩阵。

可得组合体系统的动能为

$$T = \sum_{i=1}^{7} T_i = \frac{1}{2} \begin{bmatrix} \dot{\boldsymbol{x}}_b \\ \dot{\boldsymbol{q}}_i \end{bmatrix}^{\mathrm{T}} \begin{bmatrix} \boldsymbol{H}_b & \boldsymbol{H}_{bm} \\ \boldsymbol{H}_{bm}^{\mathrm{T}} & \boldsymbol{H}_m \end{bmatrix} \begin{bmatrix} \dot{\boldsymbol{x}}_b \\ \dot{\boldsymbol{q}}_i \end{bmatrix} = \frac{1}{2} \dot{\boldsymbol{\varphi}}^{\mathrm{T}} \boldsymbol{H}(\varphi) \dot{\boldsymbol{\varphi}} \quad (3-72)$$

式中　$\boldsymbol{H}(\varphi)$——系统的广义惯量阵；

　　　$\boldsymbol{H}_b$——航天器惯量阵；

　　　$\boldsymbol{H}_m$——机械臂系统惯量阵；

　　　$\boldsymbol{H}_{bm}$——航天器和机械臂惯量阵的耦合项。

机械臂-载荷组合体在轨工作时，处于微重力环境中，忽略组合体的势能变化，即 $V=0$，则

$$\boldsymbol{H}\ddot{\boldsymbol{\varphi}} + \dot{\boldsymbol{H}}\dot{\boldsymbol{\varphi}} - \frac{1}{2} \dot{\boldsymbol{\varphi}}^{\mathrm{T}} \frac{\partial \boldsymbol{H}}{\partial \boldsymbol{\varphi}} \dot{\boldsymbol{\varphi}} + \frac{\partial \boldsymbol{\psi}}{\partial \dot{\boldsymbol{\varphi}}} = \boldsymbol{Q} \quad (3-73)$$

组合体损耗能可以表示为

$$\psi = \frac{1}{2} \dot{\boldsymbol{\varphi}}^{\mathrm{T}} f \dot{\boldsymbol{\varphi}}, \quad \frac{\partial \boldsymbol{\psi}}{\partial \dot{\boldsymbol{\varphi}}} = f \dot{\boldsymbol{\varphi}} \quad (3-74)$$

式中　f——对应于广义坐标的黏性阻尼矩阵。

将式（3-74）代入式（3-73），得到

$$\boldsymbol{H}\ddot{\boldsymbol{\varphi}} + \dot{\boldsymbol{H}}\dot{\boldsymbol{\varphi}} - \frac{1}{2} \dot{\boldsymbol{\varphi}}^{\mathrm{T}} \frac{\partial \boldsymbol{H}}{\partial \boldsymbol{\varphi}} \dot{\boldsymbol{\varphi}} + f \dot{\boldsymbol{\varphi}} = \boldsymbol{Q} \quad (3-75)$$

令

$$\dot{\boldsymbol{H}}\dot{\boldsymbol{\varphi}} - \frac{1}{2} \dot{\boldsymbol{\varphi}}^{\mathrm{T}} \frac{\partial \boldsymbol{H}}{\partial \boldsymbol{\varphi}} \dot{\boldsymbol{\varphi}} + f \dot{\boldsymbol{\varphi}} = \boldsymbol{C}(\boldsymbol{\varphi}, \dot{\boldsymbol{\varphi}}) \dot{\boldsymbol{\varphi}} \quad (3-76)$$

式中　$\boldsymbol{C}(\boldsymbol{\varphi}, \dot{\boldsymbol{\varphi}}) \dot{\boldsymbol{\varphi}}$——广义速度的二次型，包括离心力和哥氏力。

（2）捕获过程动力学模型

（a）组合体碰撞动力学建模

假设载荷捕获框碰撞点处受到 F_p 的碰撞力，则捕获系统捕获钩碰撞点处受到 $-F_p$ 的碰撞力，如图 3-24 所示。

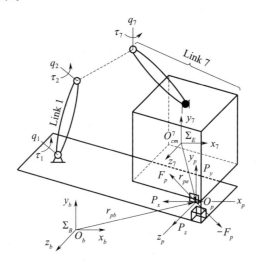

图 3-24　捕获钩捕获过程碰撞示意图

航天器与机械臂末端所受到的力/力矩可以表示为

$$\boldsymbol{F}_b = \begin{bmatrix} -\boldsymbol{F}_{p(3\times1)} \\ \boldsymbol{r}_{pb} \times (-\boldsymbol{F}_p)_{(3\times1)} \end{bmatrix}, \quad \boldsymbol{F}_e = \begin{bmatrix} \boldsymbol{F}_{p(3\times1)} \\ \boldsymbol{r}_{pe} \times (\boldsymbol{F}_p)_{(3\times1)} \end{bmatrix} \qquad (3-77)$$

结合前述分析并经推导可得

$$\boldsymbol{H}\ddot{\boldsymbol{\varphi}} + \boldsymbol{C}\dot{\boldsymbol{\varphi}} = \begin{bmatrix} -\boldsymbol{F}_{p(3\times1)} \\ \boldsymbol{r}_{pb} \times (-\boldsymbol{F}_p)_{(3\times1)} \\ \boldsymbol{\tau}_m \end{bmatrix} + \begin{bmatrix} \boldsymbol{J}_b^{\mathrm{T}} \\ \boldsymbol{J}_m^{\mathrm{T}} \end{bmatrix} \begin{bmatrix} \boldsymbol{F}_{p(3\times1)} \\ \boldsymbol{r}_{pe} \times (\boldsymbol{F}_p)_{(3\times1)} \end{bmatrix} \qquad (3-78)$$

$$\int_{t_0}^{t_0+\Delta t} (\boldsymbol{H}\ddot{\boldsymbol{\varphi}} + \boldsymbol{C}\dot{\boldsymbol{\varphi}})\mathrm{d}t = \int_{t_0}^{t_0+\Delta t} \left[\begin{bmatrix} -\boldsymbol{F}_{p(3\times1)} \\ \boldsymbol{r}_{pb} \times (-\boldsymbol{F}_p)_{(3\times1)} \\ \boldsymbol{\tau}_m \end{bmatrix} + \begin{bmatrix} \boldsymbol{J}_b^{\mathrm{T}} \\ \boldsymbol{J}_m^{\mathrm{T}} \end{bmatrix} \begin{bmatrix} \boldsymbol{F}_{p(3\times1)} \\ \boldsymbol{r}_{pe} \times (\boldsymbol{F}_p)_{(3\times1)} \end{bmatrix} \right] \mathrm{d}t$$

$$(3-79)$$

载荷与捕获系统的碰撞时间 Δt 非常短暂，短时间内组合体的广义坐标未发生变化，但广义速度与加速度产生了突变

$$\begin{cases} \Delta t = O(\varepsilon) \\ \Delta \dot{\boldsymbol{\varphi}} = O(1) \\ \Delta \ddot{\boldsymbol{\varphi}} = O(1/\varepsilon) \end{cases} \qquad (3-80)$$

式中，$\varepsilon \ll 1$。

$\boldsymbol{H}$、$\boldsymbol{J}_b$、$\boldsymbol{J}_m$ 均为广义坐标的函数矩阵，在 $[t_0, t_0 + \Delta t]$ 内可当作常量，式（3-79）可表示为

$$\boldsymbol{H} \left[\dot{\boldsymbol{\varphi}}(t_0 + \Delta t) - \dot{\boldsymbol{\varphi}}(t_0)\right] - \int_{t_0}^{t_0 + \Delta t} \begin{bmatrix} -\boldsymbol{F}_{p(3 \times 1)} \\ \boldsymbol{r}_{pb} \times (-\boldsymbol{F}_p)_{(3 \times 1)} \\ \boldsymbol{\tau}_m \end{bmatrix} \mathrm{d}t - \begin{bmatrix} \boldsymbol{J}_b^{\mathrm{T}} \\ \boldsymbol{J}_m^{\mathrm{T}} \end{bmatrix} \int_{t_0}^{t_0 + \Delta t} \begin{bmatrix} \boldsymbol{F}_{p(3 \times 1)} \\ \boldsymbol{r}_{pe} \times (\boldsymbol{F}_p)_{(3 \times 1)} \end{bmatrix} \mathrm{d}t$$

$$= -\int_{t_0}^{t_0 + \Delta t} \boldsymbol{C} \dot{\boldsymbol{\varphi}} \, \mathrm{d}t$$

$$(3 - 81)$$

式中　$\dot{\boldsymbol{\varphi}}(t_0 + \Delta t)$ ——组合体碰撞后的广义速度；

　　　$\dot{\boldsymbol{\varphi}}(t_0)$ ——组合体碰撞前的广义速度。

　　$\boldsymbol{C}$ 和 $\dot{\boldsymbol{\varphi}}$ 均为有限值，而 Δt 是近似为零的极小量，所以式（3 - 81）可表示为

$$\boldsymbol{H} \left[\dot{\boldsymbol{\varphi}}(t_0 + \Delta t) - \dot{\boldsymbol{\varphi}}(t_0)\right] = \int_{t_0}^{t_0 + \Delta t} \begin{bmatrix} -\boldsymbol{F}_{p(3 \times 1)} \\ \boldsymbol{r}_{pb} \times (-\boldsymbol{F})_{p(3 \times 1)} \\ \boldsymbol{\tau}_m \end{bmatrix} \mathrm{d}t + \begin{bmatrix} \boldsymbol{J}_b^{\mathrm{T}} \\ \boldsymbol{J}_m^{\mathrm{T}} \end{bmatrix} \int_{t_0}^{t_0 + \Delta t} \begin{bmatrix} \boldsymbol{F}_{p(3 \times 1)} \\ \boldsymbol{r}_{pe} \times (\boldsymbol{F}_p)_{(3 \times 1)} \end{bmatrix} \mathrm{d}t$$

$$(3 - 82)$$

　　在碰撞过程中

$$\int_{t_0}^{t_0 + \Delta t} \boldsymbol{F}_p \, \mathrm{d}t = \boldsymbol{P} \qquad (3 - 83)$$

式中　$\boldsymbol{P}$ ——碰撞过程中组合体所受到的冲量（N·s）。

　　式（3 - 83）可改写为

$$\boldsymbol{H} \left[\dot{\boldsymbol{\varphi}}(t_0 + \Delta t) - \dot{\boldsymbol{\varphi}}(t_0)\right] = \begin{bmatrix} -\boldsymbol{p} \\ \boldsymbol{r}_{pb} \times (-\boldsymbol{p}) \\ \boldsymbol{\tau}_m \end{bmatrix} + \begin{bmatrix} \boldsymbol{J}_b^{\mathrm{T}} \\ \boldsymbol{J}_m^{\mathrm{T}} \end{bmatrix} \begin{bmatrix} \boldsymbol{p} \\ \boldsymbol{r}_{pe} \times \boldsymbol{p} \end{bmatrix} \qquad (3 - 84)$$

　　根据 Newton 恢复系数法，建立被捕获结构与捕获钩系统的碰撞恢复方程如下

$$\boldsymbol{V}_{c2} \cdot \boldsymbol{n} - \boldsymbol{V}_{c1} \cdot \boldsymbol{n} = -e(\boldsymbol{v}_{c2} \cdot \boldsymbol{n} - \boldsymbol{v}_{c1} \cdot \boldsymbol{n}) \qquad (3 - 85)$$

式中　$\boldsymbol{v}_{c1}$, $\boldsymbol{v}_{c2}$ ——碰撞前捕获钩及被捕获结构碰撞点处的速度；

　　　$\boldsymbol{V}_{c1}$, $\boldsymbol{V}_{c2}$ ——碰撞后捕获钩及被捕获结构碰撞点处的速度；

　　　e ——Newton 碰撞恢复系数；

　　　$\boldsymbol{n}$ ——碰撞点处的碰撞面单位法向量。

　　由运动雅克比矩阵可得到碰撞点速度与广义速度之间的关系

$$\boldsymbol{V}_{c2} = \begin{bmatrix} \boldsymbol{J}_b \\ \boldsymbol{J}_m \end{bmatrix} \dot{\boldsymbol{\varphi}}(t_0 + \Delta t) \qquad (3 - 86)$$

　　引入两个参数来表示碰撞冲量三个方向的分量之间的关系

$$P_y = u P_x, \quad P_z = \mu P_x \qquad (3 - 87)$$

　　则可得

$$
\begin{cases}
\boldsymbol{V}_{c2} \cdot \boldsymbol{n} - \boldsymbol{V}_{c1} \cdot \boldsymbol{n} = -e\,(\boldsymbol{v}_{c2} \cdot \boldsymbol{n} - \boldsymbol{v}_{c1} \cdot \boldsymbol{n}) \\[2mm]
\boldsymbol{V}_{c2} = \begin{bmatrix} \boldsymbol{J}_b \\ \boldsymbol{J}_m \end{bmatrix} \dot{\boldsymbol{\varphi}}\,(t_0 + \Delta t) \\[4mm]
\boldsymbol{H}\,[\dot{\boldsymbol{\varphi}}\,(t_0 + \Delta t) - \dot{\boldsymbol{\varphi}}\,(t_0)] = \begin{bmatrix} -\boldsymbol{p} \\ \boldsymbol{r}_{pb} \times (-\boldsymbol{p}) \\ \boldsymbol{\tau}_m \end{bmatrix} + \begin{bmatrix} \boldsymbol{J}_b^{\mathrm{T}} \\ \boldsymbol{J}_m^{\mathrm{T}} \end{bmatrix} \begin{bmatrix} \boldsymbol{p} \\ \boldsymbol{r}_{pe} \times \boldsymbol{p} \end{bmatrix} \\[4mm]
P_y = u P_x \\[2mm]
P_z = \mu P_x
\end{cases}
\tag{3-88}
$$

（b）碰撞点计算模型

对接与捕获机构依靠捕获钩与被捕获结构之间不断碰撞完成对载荷的调姿和捕获功能。碰撞点位置的计算精度影响到碰撞分析的精确性，利用运动学建模方法来准确计算碰撞点的位置。对被捕获结构和捕获钩进行运动学建模，就是建立被捕获结构和捕获钩碰撞面随时间变化的关系。碰撞面之间产生公共交点的时刻即为发生碰撞的时刻，公共交点即为被捕获结构与捕获钩的碰撞点。

被捕获结构碰撞面为一个标准的圆柱面，载荷连体坐标系中圆柱中心点为 $g'(x_0',\ y_0',\ z_0')$，圆柱轴线方向向量 $\boldsymbol{n}_0'(u_0',\ v_0',\ w_0')$，如图 3-25 所示。则经过坐标转化，在全局坐标系中，圆柱中心点为 T_g。在全局坐标系中，方向向量为 $\boldsymbol{T}_n$。

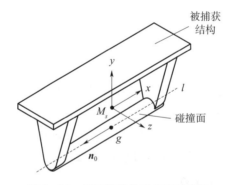

图 3-25　被捕获结构碰撞面示意图

全局坐标系中的圆柱中心点 $g(x_0,\ y_0,\ z_0)$，方向向量 $\boldsymbol{n}_0(u_0,\ v_0,\ w_0)$。则圆柱轴线方程为

$$
\frac{x - x_0}{u_0} = \frac{y - y_0}{v_0} = \frac{z - z_0}{w_0}
\tag{3-89}
$$

令轴线上一点 N 坐标为

$$
[u_0(e - y_0)/v_0,\quad e,\quad w_0(e - y_0)/v_0]
\tag{3-90}
$$

直线外一点 $M(x,\ y,\ z)$，如果 MN 与 $\boldsymbol{n}_0$ 垂直，且 M 至轴线的距离恒定，则 M 点的集合即为圆柱面的方程

$$
\begin{cases}
\boldsymbol{MN} \cdot \boldsymbol{n}_0 = 0 \\[2mm]
[x - u_0(e - y_0)/v_0]^2 + (y - e)^2 + [z - w_0(e - y_0)/v_0]^2 = d_1
\end{cases}
\tag{3-91}
$$

由于圆柱面的长度是有限的，所以需要加入约束条件，即圆柱面上的点距离圆柱面轴线中心点的距离在一定范围以内

$$\frac{\boldsymbol{MN} \cdot \boldsymbol{n}_0}{\boldsymbol{n}_0} \leqslant d_2 \tag{3-92}$$

被捕获结构与捕获钩碰撞，碰撞点必然位于捕获钩碰撞面的轮廓线上，所以只需求出捕获钩碰撞面的轮廓线方程，再求轮廓线与被捕获结构圆柱面公共交点，即可求得碰撞点。捕获钩的碰撞面有 3 个，分别为 S_1、S_2 和 S_3，如图 3 - 26 所示，现以 S_1 面为例进行说明。

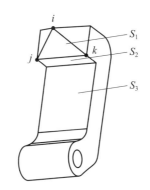

图 3 - 26　捕获钩碰撞面示意图

根据机构运动学关系，可得到捕获钩顶点 i 在航天器坐标系中随着时间变化的齐次坐标为 $(^{B}x_i(t), {}^{B}y_i(t), {}^{B}z_i(t), 1)^{\mathrm{T}}$，在全局坐标系中的坐标为

$$(x_i(t), y_i(t), z_i(t), 1)^{\mathrm{T}} = {}^{I}\boldsymbol{T}(x_b)\, (^{B}x_i(t), {}^{B}y_i(t), {}^{B}z_i(t), 1)^{\mathrm{T}} \tag{3-93}$$

式中　${}^{I}\boldsymbol{T}(x_b)$——航天器坐标系至全局坐标系的齐次转换矩阵。

以此类推，可得到 j 和 k 两点的坐标，S_1 碰撞面上的三条直线可以表示为

$$\begin{cases} \dfrac{x - x_i(t)}{x_j(t) - x_i(t)} = \dfrac{y - y_i(t)}{y_j(t) - y_i(t)} = \dfrac{z - z_i(t)}{z_j(t) - z_i(t)} \ (x_i(t) \leqslant x \leqslant x_j(t), y_i(t) \leqslant z \leqslant y_j(t), z_i(t) \leqslant z \leqslant z_j(t)) \\[2mm] \dfrac{x - x_i(t)}{x_k(t) - x_i(t)} = \dfrac{y - y_i(t)}{y_k(t) - y_i(t)} = \dfrac{z - z_i(t)}{z_k(t) - z_i(t)} \ (x_i(t) \leqslant x \leqslant x_k(t), y_i(t) \leqslant y \leqslant y_k(t), z_i(t) \leqslant z \leqslant z_k(t)) \\[2mm] \dfrac{x - x_j(t)}{x_k(t) - x_j(t)} = \dfrac{y - y_j(t)}{y_k(t) - y_j(t)} = \dfrac{z - z_j(t)}{z_k(t) - z_j(t)} \ (x_j(t) \leqslant x \leqslant x_k(t), y_j(t) \leqslant y \leqslant y_k(t), z_j(t) \leqslant z \leqslant z_k(t)) \end{cases}$$

$$\tag{3-94}$$

将建立的被捕获结构碰撞面与捕获钩碰撞面的运动学方程联立，随着时间变化，两方程产生公共解，即发生碰撞，这一公共解即为碰撞点。

3.5　对接与捕获机构仿真分析

航天器对接与捕获过程是一个复杂的过程，一方面对接与捕获机构要实现对两航天器的可靠捕获、对接、缓冲、纠姿、锁紧、密封及可靠分离的一系列动作，还要考虑空间极端高低温的影响；另一方面，航天器的研制具有长周期、高成本、高风险的特点，任何一

个设计失误或性能不达标都会造成整个在轨任务的失败。鉴于空间很多环境在地面无法完全模拟，为了加快研制进度及减小研制风险，利用仿真辅助航天器的设计被广泛接受和应用。

3.5.1　一般仿真流程

对接与捕获机构在设计过程中，不但要满足航天器的对接功能需求，还需要能适应空间苛刻环境，并且要进行轻量化及可靠性设计，是一个需要反复仿真迭代及结构优化设计的过程，是整个研制阶段重要环节之一。

图 3-27 给出了对接与捕获机构一般设计及仿真流程，对于某些特殊性能要求的仿真分析可根据实际情况单独考虑。

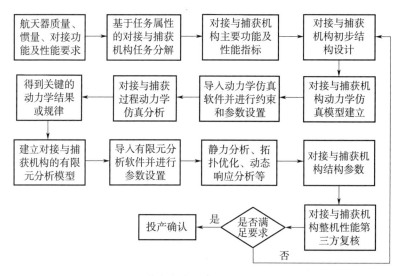

图 3-27　对接与捕获机构一般设计及仿真流程

（1）动力学仿真分析

动力学仿真分析主要用来模拟航天器对接过程中对接与捕获机构在整个动作过程中的姿态、捕获域、关键作用点或部件位移/速度/加速度、缓冲特性、捕获/锁紧/分离可靠性等，目前较为常用的软件为 MSC. ADAMS，或者借助 MATLAB 的联合动力学仿真。

（2）有限元仿真分析

由于对接与捕获机构结构复杂及工况多样，仅依赖理论计算已经满足不了设计要求。在机构有限元仿真分析过程中，一般根据已有的技术要求或经过动力学仿真得到的诸如相互作用力、缓冲力等为输入，结合有限元仿真模型进行机构单件的刚度、强度等仿真或者机构整体的模态、热分析等，并在此基础上进行机构部组件的结构拓扑优化。目前常用的有限元软件有 ABAQUS、ANSYS 等。

3.5.2　动力学仿真分析

ADAMS 软件是一种比较成熟和广泛应用的商业动力学分析软件，主要包括 View、

Postprocessor、Solver 三个基本模块，还有软件的扩展模块、接口模块、专用模块等。该软件求解器采用多刚体系统动力学理论中的拉格朗日方法，通过系统的动力学方程对虚拟机械系统中的静力学、运动学进行分析，通过分析结果可以检验对接与捕获机构设计的合理性，判断在不同工况时对接与捕获机构的对接状态，研究对接过程中的各种性能参数，初步判断所设计的对接与捕获机构能否达到功能及技术指标要求。

3.5.2.1 动力学仿真分析遵循原则

由于在仿真过程中涉及主动航天器、被动（目标）航天器及对接与捕获机构，系统部组件众多，关系复杂，为使仿真分析过程能够顺利地进行，应遵循以下原则：

1）应该采取渐进的，从简单分析逐步发展到复杂的机械系统分析的分析策略。在最初的仿真分析建模时，不必过分追求构件几何形体的细节部分同实际构件完全一致，关键是能顺利地进行仿真并获得初步结果，因为从求解原理来看，只要仿真构件几何形体的质量、质心位置、惯性矩同实际构件相同，仿真结果是等价的。当仿真获得满意的结果以后，再完善构件几何形体的细节部分和视觉效果。如果样机模型中含有非线性的阻尼，可以先从分析线性阻尼开始，待线性阻尼分析完毕后再进行非线性的阻尼分析。

2）在进行较复杂的机械系统仿真时，可以将整个系统分解为若干个子系统，先对这些子系统进行仿真分析和试验，逐个排除建模等仿真过程中隐含的问题，最后进行整个系统的仿真分析。

3）虽然 ADAMS 可以进行非常复杂的机械系统分析，但是在设计虚拟样机时，应该尽量减小系统的规模，仅考虑影响机构性能的构件。

4）多个零件固结时，可以只用一个零件表示，以节省运动副数量。

5）在不影响视觉效果的前提下，模型外形应尽量简化。

6）尽量将结构中与仿真无关的孔、尖角等特征去除，减少仿真过程软件的迭代量。

3.5.2.2 动力学仿真分析基本步骤

图 3 - 28 给出了对接与捕获机构进行动力学仿真与优化过程中的基本步骤，简述如下：

1）机械部分系统模型建立。机械系统模型既可以用诸如 PRO/E、CATIA、SoildWorks 等专业的三维建模软件建立并通过 ADAMS 认可的中性文件格式导入，也可以直接在 ADAMS/View 模块中创建，但由于 ADAMS/View 模块不是专业的三维建模模块，因此效率不是很高。导入 ADAMS 中的模型要检查其质量属性、国际单位并建立合适的坐标系。而后，打开重力属性，若模型能正常沿重力方向下落而不报错，则模型正确并可进行下一步操作。

对模型中各运动构件按照实际情况添加运动副及约束，同时设置相应的动力学参数如摩擦系数、阻尼系数、刚度系数等，并在相应部件上施加载荷。

2）系统仿真分析。首先设置仿真迭代参数，如迭代步长或仿真时间；其次建立需要输出的测量函数。检查无误后，开始进行仿真。

3）系统仿真结果分析。软件仿真完毕后，转入后处理模块并回放整个系统的运动过程，检查有无明显异常情况。无误后，绘制测量结果曲线，如相对位移曲线、速度和加速度曲线、接触力曲线、碰撞力曲线等，并可将仿真结果输出通过专业的软件进行数据处理。

4）仿真结果验证和确认。如果有相似机构的试验数据，则用试验数据与仿真结果相比对；如没有，则需要进行数据的判读，与理论计算结果及经验结果进行比对。若结果在正常范围内，则可进行进一步优化工作；如结果有问题，则要继续完善模型的细化及再次仿真。

5）模型细化。主要进行模型关键部位的细化、动力学参数的调整及迭代变量的控制等。

6）优化分析。定义所需要优化的变量，并给出单目标或多目标优化函数，迭代并进行参数敏感度分析，得到对接与捕获机构的较优结构参数。

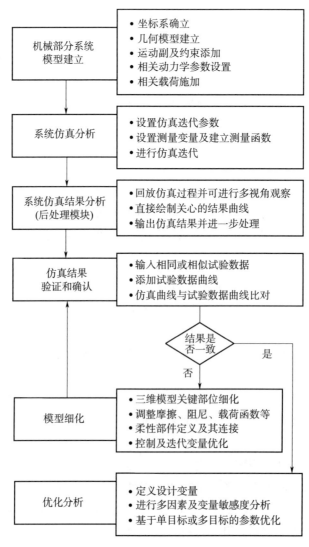

图 3-28 对接与捕获机构动力学仿真基本步骤示意图

3.5.3 有限元分析

在保证结构强度和刚度的前提下，减轻结构重量、提高承载比，是对接与捕获机构设计中的重要问题。借助现代数值计算和有限元仿真技术来获得最佳的设计参数，开展结构优化设计，是减轻结构重量的主要手段。有限元分析（Finite Element Analysis，FEA）利用数学近似的方法对真实物理系统（几何和载荷工况）进行模拟。利用简单而又相互作用的元素（即单元），就可以用有限数量的未知量去逼近无限未知量的真实系统。有限元分析常用的有限元软件有 ANSYS、SDRC/I-DEAS、ABAQUS 等。

3.5.3.1 有限元分析基本步骤

有限元分析基本步骤包括前处理、总装求解和后处理。

（1）前处理

根据机构实际问题定义求解模型，包含以下几个方面：

1）根据实际问题近似确定机构求解域的物理性质和几何区域；

2）定义机构分析的单元类型；

3）定义机构分析单元的材料及其属性；

4）定义机构单元的几何属性，如长度、面积等；

5）定义机构单元的连通性；

6）定义机构单元的基函数；

7）定义机构边界条件；

8）定义机构载荷。

（2）总装求解

将机构单元总装成整个离散域的总矩阵方程，总装是在相邻单元结点进行，状态变量及其导数连续性建立在结点处。联立方程组的求解可用直接法、迭代法，求解结果是单元结点处状态变量的近似值。

（3）后处理

对所求出的解根据有关准则进行分析和评价。

3.5.3.2 模态分析

模态分析是研究结构动力特性的一种方法，一般应用在工程振动领域。其中，模态是指机械结构的固有振动特性，每一个模态都有特定的固有频率、阻尼比和模态振型。分析这些模态参数的过程称为模态分析。按计算方法，模态分析可分为计算模态分析和试验模态分析。由有限元计算的方法取得的模态分析方法称之为计算模态分析；每一阶次对应一个模态，每个阶次都有自己特定的频率、阻尼、模态参数。对接与捕获机构进行模态分析的主要目的是在给定的锁紧力情况下，其航天器及对接与捕获机构形成的共同体的一阶频率，也称之为固有频率，主要用于发射阶段对机构的性能评价，一般而言，对接与捕获机构自身的固有频率应大于 35 Hz 以上。

如图 3-29 所示为研制的一款多点分布式对接与捕获机构（共 4 个，呈正方形布置），用来连接卫星与载荷板。在仿真中，卫星等效为一刚性体，质量为 30 kg。对接装置与安装面和模块之间施加固定约束，对接装置内部被动端和浮头之间施加摩擦力约束，摩擦系数为 0.15；T 型头和被动端之间施加摩擦力约束，摩擦系数为 0.15；对每个对接装置（共 4 个对接装置）中的 T 型头施加竖直向上的 2 000 N 的锁紧力。对锁紧状态的对接与捕获机构进行模态分析，机构基频如图 3-30 所示。

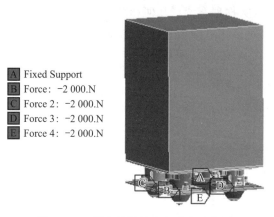

图 3-29 模态分析约束和受力示意图

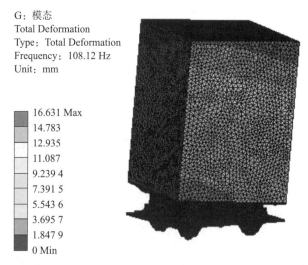

图 3-30 基频分析结果（见彩插）

各阶模态统计结果见表 3-2。锁紧状态下机构一阶基频为 108 Hz，考虑到模型处理过程中的约束比实际的更强，实际的基频应比分析结果略低。

表 3-2 模态结果汇总表

阶数	频率/Hz	形变方向
一阶	108	沿对角线方向扭转
二阶	108	沿对角线方向扭转

续表

阶数	频率/Hz	形变方向
三阶	253	—
四阶	302	沿竖直方向上下运动

从表 3 - 2 中可以看出，锁紧状态下机构一阶基频为 108 Hz，考虑到模型处理过程中的约束比实际的更强，实际的基频应比分析结果略低。

3.5.3.3　强度及刚度分析

发射阶段对接与捕获机构要承受不同方向的正弦、随机等恶劣环境载荷，对接与捕获机构的刚度及强度不足会造成航天器的结构损坏或者系统的基频下降，影响航天器的动态特性。机构的轻度和刚度分析基本步骤与上述概述相同，但是在分析之前要知道机构整体或者是单个零件准确的受力大小、方向及部位，这样才能得到更加准确的分析结果。

如图 3 - 31 所示，锁紧头将被动端锁紧并施加锁紧力 2 000 N，锁紧头在图示中与外壳等效固结，被动端根据实际受力情况施加固定约束。对外壳施加竖直向上 2 000 N 的力，外壳材料为铝合金，被动端为钛合金，锁紧头材料为钢。

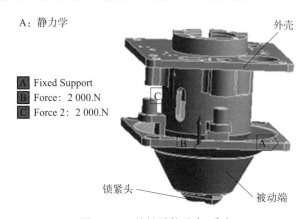

图 3 - 31　关键零件约束-受力

被动端最大应力为 37.7 MPa，最大变形为 0.015 mm，如图 3 - 32 所示。

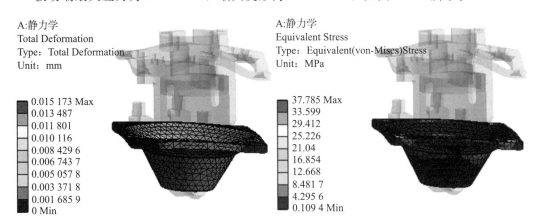

图 3 - 32　被动端应力和变形示意图（见彩插）

外壳最大应力为 70 MPa，最大变形为 0.084 mm，如图 3 - 33 所示。

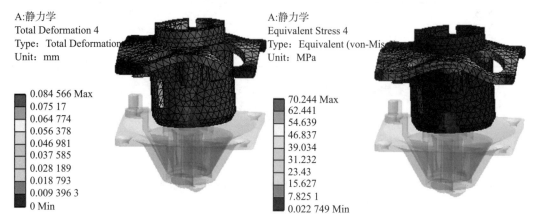

图 3 - 33　外壳应力和变形示意图（见彩插）

3.5.3.4　热分析

由于空间高低温的影响，会造成对接与捕获机构在冷热交替环境中发生热变形，如果在设计过程中没有很好地进行公差设计，则会因为温度梯度造成活动部件之间的卡滞进而影响任务的正常开展，严重时会造成任务失败，因此热设计是对接与捕获机构设计过程中非常重要的一环。

在进行机构热设计时，首先要根据任务总体条件进行整个航天器系统及机构的热分析，得到对接与捕获机构在轨热平衡后关键部位的最高温度和最低温度，在考虑主动热控的前提下，给出对接与捕获机构的极限最高温度与最低温度。

在进行机构设计过程中，根据所得到的环境最高温度和最低温度，利用有限元软件进行热分析，得到关键部位尤其是相互运动零件的最大变形量，通过合理的公差设计保证对接与捕获机构在极端高低温工况下也不会发生卡滞问题。

工作过程中，图 3 - 30 中所示的对接机构温度变化范围为 -50～+90 ℃，因为温度范围比较大，因此需要对其进行热分析。建立对接机构整体的热分析模型并对其添加温度场进行仿真，图 3 - 34 为该对接机构在 +90 ℃ 工况条件下部分零件热变形及分析。端盖与轴承安装面处的变形如图 3 - 34（a）所示，外壳 2 与轴承安装面处的变形如图 3 - 34（b）所示。

图 3 - 35 为该对接机构在 -50 ℃ 工况条件下部分零件热变形分析。端盖与轴承安装面处的变形如图 3 - 35（a）所示，外壳 2 与轴承安装面处的变形如图 3 - 35（b）所示。

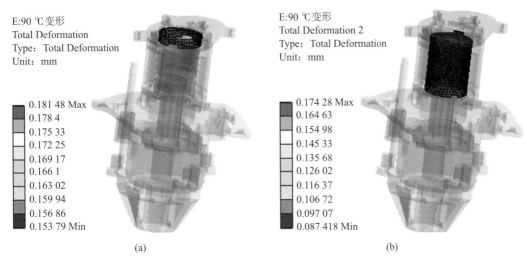

图 3 - 34 部分零件 90 ℃热力学变形结果（见彩插）

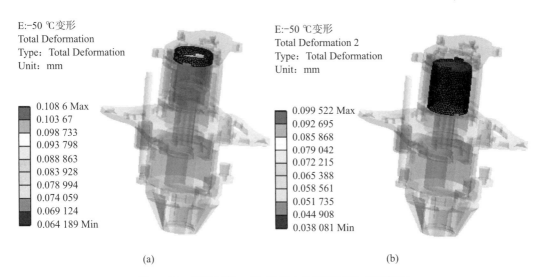

图 3 - 35 部分零件－50 ℃热力学变形结果（见彩插）

第4章 对接与捕获机构验证

4.1 概述

对接与捕获机构的验证方式主要有分析与试验，而试验验证是最直接的手段。试验验证可以帮助设计人员寻找产品缺陷，确定对接与捕获机构的各种功能和性能指标，为研制过程的权衡和决策提供实测数据的量化支持，是产品研制、生产工作的重要组成部分。虽然最重要的和通常最有效的验证方法是试验验证，但在某些情况下也可使用其他验证方法，如分析计算与仿真模拟，在选择这些替代方法时应经过充分论证和严格审批，且应对验证方法、验证程序和验证结果的有效性进行评定和认可。

试验不是目的，而是一种用来检查产品质量、为设计人员提供完善设计的手段。航天器对接与捕获机构验证的特殊性不仅在于它经受的环境十分特殊，还在于它是小批量甚至是单件生产模式，并且有极高的可靠性要求，其工作模式也与其他空间机构不同，需要在多次在轨重复使用的前提下，保障每次连接时的刚度和密封等要求，以及分离后的可控要求。因此需要有一套专门的研制程序和方法来保证它的功能与性能要求，而这些工作统称为验证。

美国军用标准 MLI-STD-1540《运载器、上面级、航天器产品验证要求》（*Product Verification Requirements For Launch*，*Upper Stage*，*And Space Vehicles*）中明确指出，制定和执行试验要求的目的在于验证设计（design validation）、消除潜在缺陷（elimination of latent defects），以达到航天任务圆满成功的高可靠（a high confidence for achieving successful space missions）。

对接与捕获机构的试验验证工作贯穿其整个研制过程，从不同维度看，试验从模样（方案）阶段开始，一直持续到正样阶段发射前；试验从材料、元器件、零部件再到组件、分系统，直至系统（航天器）逐级实施。据统计，在一个航天器研制过程中，试验的费用（其中环境试验占主要部分）最多可以占到整个研制费用的 35%。

本章 4.1 节首先概述了对接与捕获机构的试验；4.2 节介绍了试验设计，包括试验策划、试验矩阵和试验流程；4.3 节介绍了试验技术，包括试验环境、试验分类、力学环境试验模拟方法、热环境试验模拟方法；4.4 节介绍了 3 种典型试验方案；4.5 节介绍了应用于对接与捕获机构的典型试验设备。

4.2 试验设计

试验设计基于两个维度：试验对象硬件维度和任务剖面环境维度。试验对象的硬件维度需满足对接与捕获机构产品中所有部组件都应在试验中得到全面充分验证；任务剖面的环境维度要求机构全生命周期中经历的所有环境条件都应在地面试验中得到量化考核，包括试验条件确定、试验方法选择、试验状态控制、试验数据采集、试验结果评价等方面，确保试验结果的有效性。

因此，航天产品试验验证的核心问题是试验的充分性和有效性。试验充分性要求产品在不同研制阶段完成不同试验项目，解决产品的设计验证、环境适应性、可靠性问题，为产品研制转阶段提供足够的证据；试验有效性要求所完成的试验项目能够暴露产品的设计缺陷和制造缺陷，避免产品在工作寿命期内出现未识别的失效模式。在航天产品试验充分性和有效性问题上，试验标准中是以试验矩阵形式加以描述，它是试验基线，而基线是最低要求，这在 MLI-STD-1540《运载器、上面级、航天器产品验证要求》、ECSS-E-10-03A《空间工程标准试验要求》（*Space engineering standard test requirements*）、GJB 1027A—2005《运载器、上面级和航天器试验要求》中都有明确和详细的规定。

4.2.1　试验策划

在方案设计阶段应安排合理的试验项目以考核设计的正确性，并对产品的性能进行摸底，以明晰产品在设计过程中的参数取值是否合理，产品的关键性能是否能够与设计指标保持一致。

除了传统航天器机构需要开展的冲击试验、随机振动试验、正弦振动试验、加速度试验、热真空试验、热循环试验、功能和性能试验（含机构运动寿命试验）、可靠性试验等试验项目外，对接与捕获机构还需要重点关注容差性能试验、刚度试验、对接模式下强度试验，以及分离姿态试验等。

（1）容差性能试验

该试验用于考核在不同位姿条件下对接与捕获机构主动端和被动端是否能够完成对接（连接）任务，该试验一般在专用的六自由度试验平台上实施。

（2）刚度试验

该试验用于测试对接与捕获机构主动端和被动端组合体的拉压刚度、扭转刚度、弯曲刚度，获得相对刚度系数，以验证设计过程中的相对刚度系数取值合理性。

（3）对接模式下强度试验

该试验用于考核对接与捕获机构在不同量级外载条件下是否发生连接性能下降、丧失或破坏。试验量级通常包括验收级、鉴定级和超载级。通过试验数据可以修正仿真分析的模型，并验证设计过程参数取值的合理性。此外，通过试验结果也可直接证明产品的结构健壮性。

（4）分离姿态试验

通过仿真和试验等多种手段证明产品解锁的同步性，以及分离姿态（方向、速度、角速度）等的正确性，在地面试验中通常借助高速摄像等手段来获得测试数据和图像。

4.2.1.1　试验项目与要求的确定

根据环境试验的一般原理，特别是参照国内外有关航天器环境试验的标准和规范，结合航天器机构的研制特点，确定在不同研制阶段（方案阶段、初样阶段、正样阶段）应进行的试验项目和要求，以更有效地发挥环境试验的作用。

4.2.1.2　试验方式的选择

根据所确定的试验项目和要求，选择最合理可行的试验方式，使得模拟试验的效果与实际环境条件产生的效果尽量一致。例如，发射的动态载荷环境是一个综合的复杂载荷环境，而目前的地面试验只能采用正弦振动、随机振动或噪声激励来模拟，因此需要根据试验要求和试验件实际状态来做出正确的选择。

4.2.1.3　试验设备的选择

试验环境需要通过试验设备来实现，因而试验设备直接影响试验的真实性和有效性。例如，采用重力加载和液压加载可达到静力试验的目的；采用吊挂方式和气浮方式可达到零重力或低重力机构运动试验的目的。试验设备类型需要根据试验要求、实际客观条件和进度、经费等情形，经过综合分析后确定。另外，由于航天器对接与捕获机构功能的特殊性，机构功能试验的试验设备往往是非标特殊设备，一般需要根据试验要求和试验件状态进行专门设计和制造。

4.2.1.4　试验条件的确定

力学环境试验的试验条件包括载荷的大小、方向、作用位置以及试验的边界条件等，它们往往需要根据环境预示结果，通过分析后才能确定。这些条件的合理性直接影响试验结果的真实性，典型的例子是正弦振动试验载荷量级的"下凹"问题，如果处理不当，将造成过试验或欠试验，不能达到试验的真实效果。

4.2.1.5　实施方案的确定

试验的具体实施方案包括试验环境条件、试验件状态、试验夹具、试验顺序、试验次数、试验测量项目和方法、测试精度、测点位置等诸多细节规定和安排。这些细节均有可能影响到试验的准确性，甚至影响到试验的真实性，因此不能忽视。例如，应变片粘贴位置和方向的差异，可能造成完全不同的测量结果。试验具体实施方案与航天器机构的设计和分析工作密切相关，应该根据设计要求和初步分析结果，结合试验的具体条件，来确定实施细节。

4.2.1.6　试验结果的评估

应充分预先设想到试验中可能发生的各种情况，明确一个试验通过与否的合理判据。由于试验是"非真实"的模拟试验，影响试验真实性的因素很多，因此需要对试验结果进行充分评估与分析，才能对试验结果做出正确的结论。

4.2.2　试验矩阵

试验矩阵是航天器对接与捕获机构全部试验项目的汇总表，可以按照研制试验、环境试验分为两大类，又可根据验收级、鉴定级两个量级实施。

机构研制试验的目的是验证机构产品新设计方案和新工艺方案的可行性，因此设置的试验项目和量级应尽量包络鉴定试验，确保鉴定试验时不出现颠覆性问题。研制试验项目至少应包括功能和性能试验以及环境试验，并重点考核以下内容：

1) 验证温度梯度、负载特性等变化对机构功能和性能的影响；

2) 验证润滑设计在所有规定的工作条件下在整个设计寿命期间均满足润滑要求；

3) 在可能发生真空冷焊的位置，应以足够的接触应力进行设计和工艺验证，确保材料和表面处理选择的正确性；

4) 开展力矩（力）裕度试验，确定最小有效驱动力矩（力）和最大摩擦阻力矩（力）的特性。机构鉴定试验是在初样阶段应开展的试验，是在机构状态确定时为检查设计和工艺方案是否满足预定要求而进行的试验。鉴定试验主要用于解决方案可行性的问题，对于新研产品，鉴定试验必不可少；对于继承产品，若在设计上、材料上或应用环境上有较大的变化，也需要进行鉴定试验；对于完全继承的机构产品，使用环境不超过以往的环境条件，鉴定试验可以不再进行。机构验收试验是在正样阶段应开展的试验，用来暴露机构产品在元器件、材料、制造工艺等方面存在的缺陷或者质量问题，排除早期失效，提高产品的使用可靠性。验收试验是机构产品必须进行的试验，用来证明交付飞行使用的机构是可以接受的。验收试验的环境条件一般与实际在轨飞行的试验条件和量级相当。

航天器对接与捕获机构通用试验矩阵见表 4 - 1。表中按照研制试验和环境试验进行分类，按照验收级和鉴定级量级实施。

表 4 - 1　航天器对接与捕获机构通用试验矩阵

试验项目		鉴定级	验收级
研制试验（组件级）	传动组件跑合试验	○	○
	传动组件效率测试试验	○	○
	驱动弹簧的弹簧常数测试	○	○
	分离弹簧力-位移试验	○	○
	联动绳索加载验证试验	○	○
	铰链摩擦阻力矩测试试验	○	○
	压紧组件加载验证试验	○	○
	对偶件真空防冷焊试验	○	○
	承力组件拉力-应变标定试验	○	○
	分离推杆的分离性能试验	●	●
	电机力矩性能、精度测试和老练试验	○	○
	润滑剂性能评价试验	○	○
	轴承精度和阻力矩测试试验	○	○

续表

试验项目		鉴定级	验收级
研制试验（单机级或子系统级）	对接与捕获机构接口匹配试验	●	●
	主动端与被动端组合体静力试验	●	●
	主动端与被动端刚度测试试验	○	○
	对接与捕获机构容差测试试验	●	●
	对接与捕获机构高低温匹配试验	●	●
	寿命试验	○	—
	可靠性试验	○	—
环境试验	加速度	○	—
	正弦振动	●	○
	随机振动	R*	R*
	声		
	冲击	○	○
	真空放电	○	○
	热真空	●	○
	热循环	○	○
	高低温生存	○	—
	轨道机动载荷	○	○
	电磁兼容性	○	○
	热平衡	○	○

注：1）●必做项，○选做项，—不做项，R*两者选一。选做项一般根据产品的技术继承性等综合考虑；

2）为正确模拟环境的顺序，一般先进行动力学试验（如正弦振动、随机振动或声、冲击试验），后进行热真空试验，动力学试验的顺序可改变；

3）机构进行鉴定试验或验收试验时，先完成跑合试验。

环境试验时，施加在对接与捕获机构上的试验量级见表 4-2。

表 4-2　航天器对接与捕获机构环境试验量级

试验类型	试验量级		
	验收级	鉴定级	准鉴定级
热环境试验	高温比最高预示工作温度高 10 ℃； 低温比最低预示工作温度低 10 ℃	高温比最高预示工作温度高 20 ℃； 低温比最低预示工作温度低 20 ℃	高温比最高预示工作温度高 15 ℃； 低温比最低预示工作温度低 15 ℃
正弦振动	预示环境量级，每方向扫描速率 4 oct/min	预示最大量级的 1.5 倍，每方向扫描速率 2 oct/min	预示最大量级的 1.25 倍，每方向扫描速率 4 oct/min
随机振动	预示最大量级，持续时间 1 min	预示最大量级加 4 dB，持续时间 2 min	预示最大量级加 2 dB，持续时间 1 min

续表

试验类型	试验量级		
	验收级	鉴定级	准鉴定级
声	预示最大量级,持续时间 1 min	比预示最大量级高 4 dB,持续时间 2 min	比预示最大量级高 2 dB,持续时间 1 min
冲击	预示最大量级	预示最大量级加 6 dB	预示最大量级加 3 dB
加速度	最高预示量级	预示最大量级的 1.5 倍	预示最大量级的 1.25 倍

试验量级的适用范围一般规定如下：

1）初样鉴定件进行鉴定级力学试验前，一般先进行验收级力学试验，合格后进行鉴定级力学试验。

2）正样技术状态与初样鉴定件完全一致时，正样机构的验收试验按验收级进行。

3）正样技术状态与初样鉴定件差异较大时，正样机构的首件按鉴定级进行试验（不能用作飞行件），合格后，后续正样机构按验收级进行试验。

4）正样技术状态与初样鉴定件差异较小时，正样机构的首件按准鉴定级进行试验（仍可用作飞行件），合格后，后续正样机构均按验收级进行试验。

4.2.3　试验流程

为了达到全面、有效、经济的试验效果，航天器机构进行地面环境试验时，需要对试验流程（试验先后顺序）进行合理安排，安排试验流程时遵循以下原则：

1）硬件维度从小到大原则：遵循先开展元器件级、部组件级试验，再开展单机级、子系统级（多台单机）试验，利用 FMEA 方法充分论证故障模式，提前在元器件级试验、部组件级试验中暴露产品缺陷。一方面可以尽快获得机构失效模式，为完善设计提供设计借鉴，另一方面可以缩小试验规模，降低试验成本。

2）量级维度从温和向严酷原则：对同一试验开展某项试验时，试验量级按照从温和到严酷、从验收级到鉴定级再到超载级的原则，以便在机构损坏前得到尽可能多的信息，尤其在试验件数量有限的情况下。

3）时间维度遵循实际飞行时序原则：通常对于同一试验件需要进行多项环境试验时，一般可按照试验件在实际飞行任务中经历环境过程来安排其试验的顺序。例如先做发射环境的振动、声试验，再做空间环境的热真空试验等。实际上，有些环境是同时作用的，如振动与声可能同时作用在航天器上，但限于地面试验设备条件，一般只能依次进行。

4.3　试验技术

试验技术是在给定环境下对产品的功能和性能进行验证的过程和措施，在研制的各个阶段对产品的不同装配级进行全面的验证，以证明产品的设计满足使用要求，并能在寿命期间保持其工作能力，该过程又称为环境适应性验证。GJB 4239—2001《装备环境工程通用要求》中定义环境适应性是指装备（产品）在其寿命期预计可能遇到的各种环境的作用下，能实现其所有预定功能和性能和（或）不被破坏的能力。

4.3.1　试验环境

从对接与捕获机构产品全寿命周期的时间历程角度，试验环境包括地面研制环境、发射环境、在轨工作环境，以及可能的地外天体环境和返回再入环境（《航天器环境术语》Q/W 144A—2008）。通常提到的给定环境是指几者比较后取较为严苛的条件作为设计或考核环境，多数情况下地面研制环境要比工作环境温和，而对接与捕获机构必须能够胜任所经历的所有环境，这些环境中发射环境和在轨工作环境需重点考虑，如图 4-1 所示。

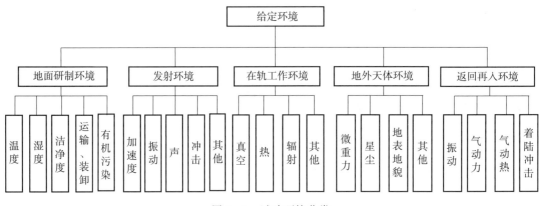

图 4-1　试验环境分类

对接与捕获机构的环境条件是指在地面装配集成、贮存及运输、测试、发射入轨、在轨工作、受控离轨等全任务周期内所经历的所有环境条件。按照环境特点不同，可以分为力学环境条件、热环境条件、湿度环境条件、真空环境条件、辐照环境条件、原子氧环境条件等。对于对接与捕获机构而言，需要重点考虑力学环境条件、热环境条件和真空环境条件的影响。

4.3.1.1　力学环境条件

力学环境是对接与捕获机构设计的主要约束，发射段的力学载荷是对接与捕获机构设计时需要考虑的主要载荷之一。通常可以将其等效为正弦载荷、随机载荷、冲击载荷和稳态加速度载荷，在地面试验时常采用正弦、随机、冲击、加速度四类试验来验证对接与捕获机构对发射段力学载荷的承受能力。

除了上述发射段力学环境外，对接与捕获机构在对接过程中也会受到冲击载荷的作用。该载荷是两个航天器以一定的速度和姿态接近时主动端和被动端碰撞接触时的载荷，由于两个航天器各自的质量和惯量一般都很大，因此，即使以较小的相对速度碰撞时也会产生较大的冲击载荷。

对接与捕获机构特有的力学载荷还包括在轨传递冲击载荷。在对接与捕获机构主动端与被动端对接锁定模式下，即两个航天器为组合体状态时，如果有其他航天器与组合体对接，那么由此产生的冲击载荷会由于航天器惯性传递到前一个对接面，使对接与捕获机构再次受到较大的冲击载荷。

综上所述，对于对接与捕获机构需要考虑的力学载荷主要包括三类，即发射段的力学载荷、在轨对接的力学载荷、在轨传递的冲击载荷。在设计对接与捕获机构时，需逐项评估这三类载荷，选取最大载荷作为设计的力学载荷条件。

4.3.1.2 热环境条件

热环境条件又称为温度环境条件，是指极端温度环境、快速温度变化、高温度梯度等的具体情况，这些条件对对接与捕获机构工作性能有重要影响。按阶段划分，热环境条件可以分为三个阶段：地面组装测试及转运存储阶段、发射阶段、在轨飞行阶段。

在地面组装、测试、转运、存储过程中通常为常温环境，且易于对产品进行防护，所以该阶段温度环境较为温和。

发射阶段的时间较短，一般为数分钟或十余分钟，且航天器本身又具有一定的热容，所以热环境条件也不会太恶劣。

从工作环境及其作用时间看，在轨热环境条件最严苛。因此，航天器在轨工作过程的热环境，是对接与捕获机构应考虑的主要热环境，地面试验通常也针对在轨飞行的热环境影响开展验证工作。

对于对接与捕获机构来说，热环境的影响会导致以下三个问题：

1）由于不同材料零部件的热膨胀结果不同而导致机构卡滞、卡死；

2）一些元器件在极端高温或低温环境下工作异常或失效；

3）极端温度导致非金属材料（如固体润滑膜、固液混合润滑脂等）性能下降，进而导致驱动组件输出力矩（力）不足或传动组件效率下降。

对于第一个问题，应对措施是有相互运动的机构件尽可能采用相同的材料或线膨胀系数相近的材料；或采用适当的温控方法缩小温度变化范围；或在重要的配合部位预设合理的间隙。对于第二个问题，常通过必要的主动/被动热控制措施来保证相应元器件的工作温度要求。对于第三个问题，常通过驱动力矩（力）裕度设计，并通过专项摸底或拉偏测试来确保设计间隙的有效性。

4.3.1.3 真空环境条件

真空环境中，典型的像润滑剂就很容易受影响，由于润滑剂特有的挥发或爬移特性可能导致润滑剂耗尽，并污染传感器、太阳电池阵和温控元器件。使用密封容器或选择低挥发性能的润滑剂可以减轻不利影响。在某些材料间，真空同样会导致粘连和冷焊。典型的案例是：使用相同材料的大预载荷杯形/圆锥形接口接触面直接彼此接触而没有保护涂层，给予足够长的时间和高应力水平，材料彼此接触会发生冷焊，随后不能按设计状态正常分离。这个问题可以通过使用不同材料、表面处理（尤其是硬质涂层，如铝硬质阳极化）来避免，或保持应力水平在冷焊极限水平以下。对于对接与捕获机构，真空环境的影响主要有如下两方面：

1）真空环境会加速非金属材料（润滑脂等）的挥发；

2）真空环境会导致配合部位发生粘连或真空冷焊，从而不能正常分离。

对于第一个问题，可采用局部密封设计或选择低出气率的润滑剂（润滑膜）。对于第二个问题，常通过使用不同材料，或零件表面的涂层、镀层、氧化层来避免发生粘连或真空冷焊。

4.3.1.4　其他环境条件

对接与捕获机构设计过程中需要关注的环境条件还包括两方面：地面的运输和贮存，以及空间的电磁兼容性、湿度、洁净度、紫外线、原子氧、辐照等的影响。需要结合具体需求开展设计，如湿度环境能导致腐蚀，使固体润滑涂层性能下降；辐照环境会导致非金属材料性能衰减等。再比如同一产品由于任务模式的差别，其设计中需要考虑的环境条件可能有本质的差别，比如某两个对接与捕获机构所有功能、性能要求都一致，仅是发射场地由内陆地区改为沿海地区，那么设计时就必须考虑沿海地区的盐雾环境影响，如避免采用9Cr18等不耐腐蚀的材料，或对不耐腐蚀的材料采用相应的保护措施。

在地面研制过程中，不同场所之间机构的运输会导致一定的冲击和振动环境。运输有时能产生比发射环境还要多的破坏性影响。例如，延长运输能导致高频次的循环载荷，引起疲劳或磨损，尽管与飞行载荷相比，这种载荷循环的振幅很低。为避免这些问题，设计时应考虑运输的影响，或者通过控制运输环境减小其负面影响。有时对关键部件在整个地面操作期间使用干燥氮气净化，以排除会引起粘连的潮湿和污染或者是机构的磨损。在任何时间，都应保持所使用机构相适宜的洁净度要求。在地外天体表面还需要考虑星尘对机构配合副的侵蚀、污染等影响，通常需要在机构设计过程中增加防护措施。

延长地面贮存时间会影响对接与捕获机构的几个方面，例如润滑剂、密封件、非金属材料、胶黏剂、火工装置和高应力部件。典型的如有限贮存时间的项目，如密封件和火工装置，都有明确的有效期，因此只要保证不超过有效期使用即可。然而，一些零件如弹簧，并没有明确的有效期，但是在贮存期间会经历有害的影响。例如，高应力弹簧随着时间会产生蠕变，引起相应的减少力或力矩的输出。贮存的影响经常采用加速试验的方法来评估，可通过提高温度以加速蠕变。此外，硬件应贮存在洁净度和温湿度可控的环境中，保持设计特征。总之地面贮存需考虑时间、是否带载等典型工况。

4.3.2　试验分类

试验分类可按照试验性质、试验所处研制阶段、试验目的以及试验产品级别划分。航天器环境试验按照试验性质可分为功能性能试验、接口匹配试验、环境适应性试验、环境效应模拟试验、可靠性试验、仿真试验和其他试验；按照研制阶段可分为方案阶段、初样阶段和正样阶段试验；按照试验目的可分为研制试验、鉴定试验、准鉴定试验和验收试验；按照试验产品级别可分为元器件级、部组件级、单机级、分系统级和系统/整器级，如图4-2所示。

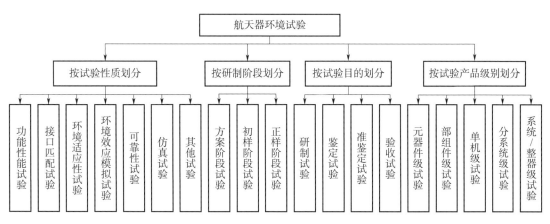

图 4-2　航天器环境试验分类

4.3.2.1　按照试验目的划分

航天器对接与捕获机构产品的研制主要分为方案阶段、初样阶段和正样阶段，每个阶段的目的和要求不尽相同，因此相应的验证要求也有所不同。在采用试验作为验证手段时，可以根据验证要求把试验分为三种类型。简单地说，如果要采用一个新的构型，或者要应用新的材料或制造工艺，则应该进行研制试验；如果主要验证航天器对接与捕获机构设计的合理性，则应该进行鉴定试验；如果主要验证航天器对接与捕获机构产品的制造工艺质量，则应该进行验收试验。以上三种类型的试验综合见表 4-3。

表 4-3　根据验证要求确定的试验类型

类别	主要目的	说明
研制试验	通过试验来论证设计方案和获取设计所需的信息	1）要求生产一个用于试验的研制件，研制件仅需表示研制所需的基本特征，费用尽量低； 2）一般在方案阶段进行
鉴定试验	通过试验来验证设计满足要求和合理可行	1）要求生产一个专门用于试验的鉴定件，其关键的部位均应与实际飞行件一致，但不用于飞行； 2）试验量级一般高于实际使用的环境条件； 3）通过鉴定试验可以提供设计上实际存在的裕量或寿命； 4）一般在初样阶段进行
验收试验	通过试验来验证产品质量合格可用	1）一般对每个飞行件均应进行该项试验； 2）试验量级等于或稍高于实际使用量级； 3）一般在正样阶段进行

（1）研制试验

研制试验的目的是在研制阶段初期验证产品的设计方案是否满足设计要求，以便在开始鉴定试验之前采取必要的修改措施，不断地提高产品的固有可靠性。研制试验一般在分系统级、单机级和组件级产品上开展，在方案阶段和初样阶段实施。试验要求一般是由产品承制方按任务要求来确定，试验项目不少于鉴定试验项目，试验量级不低于鉴定试验量级。

（2）鉴定试验

鉴定试验的目的是证明产品的性能满足设计要求并有规定的设计余量的试验。鉴定试验应该用能代表正样产品状态的鉴定产品进行，如果在初样研制阶段完成鉴定试验，则应保证鉴定试验产品的技术状态和试验文件符合正样产品的鉴定要求。鉴定试验可以在整器、分系统和组件级进行。为验证产品的设计余量，鉴定产品经受的鉴定环境比产品在工作寿命期间预期的最高环境要严酷，但不应超过使用的设计安全余量。

（3）验收试验

验收试验的目的是检验交付的正样产品是否满足飞行要求，并通过环境应力筛选手段检测出产品是否有质量缺陷，从而提高产品的使用可靠性。验收试验要求对所有交付的飞行产品在整器、分系统和组件级进行。允许在产品最后使用之前进行修复，修复后重新进行验收试验。

（4）准鉴定试验

准鉴定级试验的目的是检验交付的正样产品是否满足飞行要求，是既作为验收又作为鉴定的试验。准鉴定试验是在正样研制阶段对飞行产品按照鉴定与验收的组合条件进行的试验，这种组合条件应符合替代鉴定试验的策略。准鉴定级试验可以在整器、分系统和组件级进行。

4.3.2.2　按照试验性质划分

按照试验性质划分，主要的环境试验类型见表 4-4，表中给出了各试验的方式和目的、试验对象和试验说明等。

表 4-4　主要的环境试验类型

试验类型	试验方式和目的	对象	说明
静力	作用和保持一组不变载荷来验证结构的强度，也可以用于验证结构的刚度	航天器主结构；难以进行强度分析的结构或机构部件	可以采用离散加载或离心机加载方式；可以根据静、动载荷以及考虑温度的影响，确定最严重的加载条件
正弦振动	作用频率改变的循环载荷来激发结构的振动，用于验证结构的强度，也可用于验证结构的固有频率	具有低固有频率的结构或整个航天器；实际经受循环振动载荷的结构	引入约 5~100 Hz 的低频振动载荷条件；需要监测和控制输入激振力，避免试验件所受载荷超过实际设计载荷
随机振动	通过机械接口引入随机振动，验证结构或机构的强度、寿命和其他性能	小型结构；机构或电气部件；对声不敏感的小型航天器	振动引入直到 2 000 Hz 范围的高频振动条件；也可用于检验试验件的制造工艺，暴露存在的制造缺陷
声（噪声）	通过声压强（振动的空气）引入随机振动，验证结构的强度、寿命和其他性能	大面积的轻型结构；对声敏感的结构或机构；整个航天器	可引入 31~10 kHz 的很宽的频率范围；可在整个航天器的声试验中验证各部分的相容性和连接的合理性，以及确认各部件的随机振动条件

续表

试验类型	试验方式和目的	对象	说明
冲击	一般通过引爆火工装置产生高频冲击波,验证结构或机构部件的响应和抵抗能力	冲击源附近的结构和机构	通常可引入极高频率(到 10 kHz)下的高能量瞬态振动; 目前很少有可靠分析方法来预计冲击效应; 一般冲击仅影响冲击源附件的区域,而且对结构和大多数机构的影响很微小
热真空	在真空、高温、低温或温度交变条件下验证结构和机构的工作性能或其材料性能	对温度敏感的结构; 各种机构; 整个航天器	验证结构的温度变形或温度应力; 暴露组件材料和工艺方面的质量缺陷; 验证热真空条件对机构功能的影响; 进行机构的寿命试验
热循环	在正常压强环境下,验证航天器产品承受热循环应力的试验,试验时控制产品温度	对温度敏感的结构; 各种机构; 整个航天器	验证产品中材料、工艺和制造质量缺陷,提高可靠性; 验证热真空条件对机构功能的影响; 进行机构的寿命试验
压强	采用水压试验方法验证在工作内压下密封结构的静强度和密封性能	航天器密封舱或压强设备	需要进行鉴定试验和验收试验; 需要进行气密验收试验; 一般还需要进行强度破坏试验(爆破试验)
气动加热	验证在模拟再入加热条件下防热结构的防热性能	返回舱的防热结构	需要专门的大型加热试验设备,如石英灯辐射加热器、燃气加热风洞和等离子电弧风洞; 目前主要考虑烧蚀防热结构的试验

4.3.3　力学环境试验模拟方法

航天器对接与捕获机构经历的力学环境可分为加速度试验、正弦/随机振动试验、冲击试验。

4.3.3.1　加速度试验模拟方法

加速度试验模拟方法可以分为静载荷试验和离心机试验方法,两种方法各有特点,可用于不同的试验目的。

静载荷试验通过加载系统对卫星结构的若干部位加载,使之产生适当的应力分布,从而考核卫星结构在模拟的稳态加速度惯性载荷下的强度和刚度。在卫星的研制中,如果采用新型结构或材料,不仅初样阶段需要做结构静载荷试验,对正样结构也需进行静载荷鉴定试验。

离心机实质上是一在平面内绕固定轴转动的长臂。试件安装在臂的一端,另一端加配重以保持平衡。当该臂以某一角速度 ω 转动时,试件受指向轴心的加速度 $r\omega^2$ 的作用,r 为试件质心到离心机轴心的距离。这时试件受到离开轴心的惯性载荷。目前离心机试验主要用于考核小型产品的性能,很少用于航天器结构考核。

4.3.3.2　正弦/随机振动试验模拟方法

正弦振动是指能用正弦(或余弦)函数描述其运动规律的周期性振动,振动的幅值和相位是随时间变化的，可以预测。正弦振动环境是指机构产品在运输以及发射过程中，由于发动机不稳定燃烧和结构与推进系统共振频率耦合等对机构产品产生的正弦振动载荷。随机振动环境是指在航天器发射过程中，由于发动机工作噪声及气动力激励对机构产品产生的随机振动载荷。随机振动试验的基本要求、试验步骤和正弦振动试验基本相同。

低频振动采用低频正弦扫描试验，频率一般 5～100 Hz，随机振动试验频率一般 10～2 000 Hz。正弦振动试验和随机振动试验在专门的振动台设备上进行，试验条件方面正弦振动试验需关注试验频率（Hz）、振级（g）、扫描速度（oct/min）、振动方向；随机振动试验一般关注试验频率（Hz）、功率谱密度（g^2/Hz）、时间（min）、试验方向。试验过程中响应测量内容包括加速度和位移，图 4-3 给出了振动试验的组成及原理。

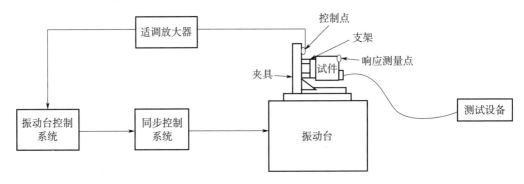

图 4-3　振动试验组成及原理图

4.3.3.3　冲击试验模拟方法

采用典型冲击或冲击响应谱试验进行模拟，航天器的冲击环境分为简单冲击（即典型冲击）和复杂冲击（即爆炸冲击），因此，冲击模拟分为简单冲击模拟和复杂冲击模拟。模拟简单冲击的试验设备主要有落下式冲击机和电动振动台。模拟爆炸冲击的设备主要有电动振动台、谐振板式冲击模拟装置和摆锤式水平冲击试验机等。

4.3.4　热环境试验模拟方法

对于航天器机构来说，最常见的热环境试验为热真空试验和热循环试验。热真空试验是在真空、高温、低温或温度交变条件下验证结构和机构的工作性能或其材料性能。热循环试验是在正常压强环境下，验证航天器产品承受热循环应力的试验，试验时控制产品温度。典型的热试验设备组成如图 4-4 所示，通过在密闭的真空容器中营造不同压强、不同温度的耦合场，考核试件在真空、常压、高温、低温或温度交变条件下的产品功能性能。

热环境试验的真空环境通常靠真空获取系统所需的真空度，在 10^{-1} Pa 的压强下气体的传热性能只有一个大气压下的 0.01%。计算还表明，在压强为 10^{-3} Pa 时，假定气体的适应系数是 1.0，那么，对于一个表面温度为 300 K 的卫星，通过导热能力较大的氢气分子所传导的热量，大约等于半球发射率为 0.1 的卫星所辐射出的总能量的 0.33%，这个量是非常小的。实际上卫星表面的发射率都远大于 0.1，而且其他气体的传热能力都比氢气要小。因此，从工程应用的角度讲，用 10^{-3} Pa 的真空条件来近似模拟宇宙空间的高真空，对航天器对接与捕获机构的热试验带来的影响是完全可以忽略的。

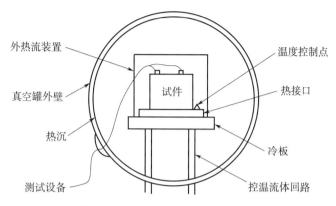

图 4-4　热试验设备组成及原理图

热环境试验的高低温变化是通过试验设备的热沉、加热设备综合作用实现的，热沉可以通过流动的低温介质给试验营造低温环境，加热设备可以对试验进行高温控制。加热方式通常使用红外笼加热器和接触式电加热器，可按试验温度控制要求划分为若干加热区。图 4-5 是典型的航天器对接与捕获机构热真空试验的温度循环剖面图。

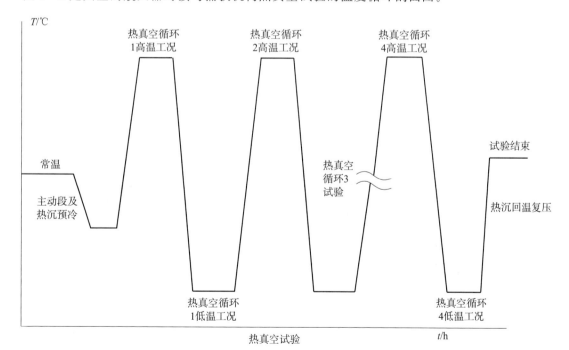

图 4-5　热真空试验的温度循环剖面图

4.4 典型试验方案

航天器对接与捕获机构产品在开展试验前，应针对具体机构的任务要求，按照工作寿命期间的任务剖面，确定试验方案，进行试验要求的分析、评估和权衡，并综合考虑航天器对接与捕获机构的成熟度、试验进度、经费和技术风险等因素，从而选择合理的试验项目、试验量级和试验程序。

确定机构产品的试验方案时，应遵循如下原则：

1）当航天器对接与捕获机构尺寸太大或太复杂而无法进行整体试验时，可将其分解成几个有明确接口、相对独立的组成部分，用分析预估方法确定合适的试验量级，单独进行试验，然后根据试验结果进行综合评估。

2）航天器对接与捕获机构模拟负载应能合理代表实际负载的动力学特性，如惯量、力或力矩特性、间隙和固有频率等。由模拟负载附加质量引起的摩擦对驱动组件的影响应在试验数据处理时考虑，或采取措施消除。

3）机构试验的边界尽量模拟真实的机、电、热等接口，单独试验时的载荷和边界等条件难以正确模拟时，可集成在分系统上进行试验。

4）尽可能在最低的装配级别进行机构试验，以获得较好的成本效益。被试机构的装配级别越高（如系统级试验），越难挖掘潜在的问题，一旦较高装配级别的试验出现问题，因修改而导致的进度推迟和重新试验所带来的损失也就越大。一般先进行最能判别机构是否合格的关键性试验，最后进行成本最高的试验项目。

如图 4-6 所示的三爪式对接与捕获机构，由主动端、被动端、控制器组成，其主要任务剖面见表 4-5。

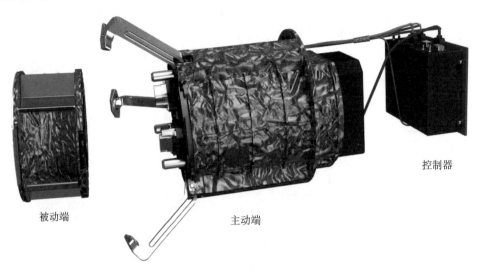

控制器

被动端　　　　　　　　　　主动端

图 4-6　三爪式对接与捕获机构（见彩插）

表 4-5　三爪式捕获机构任务剖面

在轨阶段 任务及环境	被动端在轨 单独飞行	主动端在轨 单独飞行	对接任务	停泊任务	分离任务
任务描述	1)经历舱外空间环境； 2)承受变轨冲击、调姿等载荷	1)经历舱外空间环境； 2)承受变轨冲击、调姿等载荷	1)经历舱外空间环境； 2)主动端和被动端承受对接过程的冲击载荷	1)经历舱外空间环境； 2)主动端短期锁紧被动端，建立刚性连接，保证电气液通路	1)经历舱外空间环境； 2)主动端和被动端承受解锁过程的冲击载荷
环境条件	1)舱外环境、电子元器件需要关注微流星、辐照、原子氧等空间环境的不利影响； 2)环境温度条件为－50～＋60℃； 3)冲击载荷来源于 1 N 或 10 N 推力器	1)舱外环境，电子元器件需要关注微流星、辐照、原子氧等空间环境的不利影响； 2)环境温度条件为－50～＋60℃； 3)冲击载荷来源于 1 N 或 10 N 推力器	1)舱外环境，电子元器件需要关注微流星、辐照、原子氧等空间环境的不利影响； 2)环境温度条件为－50～＋60℃； 3)对接冲击为两航天器校正过程中的动能冲量	1)舱外环境，电子元器件需要关注微流星、辐照、原子氧等空间环境的不利影响； 2)环境温度条件为－50～＋60℃	1)舱外环境，电子元器件需要关注微流星、辐照、原子氧等空间环境的不利影响； 2)环境温度条件为－50～＋60℃； 3)分离冲击载荷为弹簧储能装置给出的分离力(内部指标)

4.4.1　组合体静力试验

4.4.1.1　载荷量级的确定

经前文任务剖面分析可知在停泊任务期间，组合体受到的在轨冲击载荷最大，经量化试验载荷见表 4-6，在计算组合体静力时按照表中载荷制定加载量级。

表 4-6　三爪式对接与捕获机构试验载荷

序号	根部载荷	验收级	鉴定级(2 倍验收级)
1	弯矩载荷	1 170 N·m	2 340 N·m
2	轴向力载荷	1 060 N	2 120 N
3	扭矩载荷	409 N·m	820 N·m
4	剪切载荷	604 N	1 210 N

4.4.1.2　试验测点设置

测试时为了加载方便，也为了防止加载时损坏产品，可以设计相应加载工装，如图 4-7 所示，三爪式对接与捕获机构的主动端与被动端组合体进行强度（静力）试验时，试验工装分别与主动端、被动端的安装接口匹配，即试验工装的接口应兼顾测试对象接口和试验加载设备安装接口。试验工装设计要充分考虑自身的刚度，一般要求工装刚度是试验对象刚度的 5 倍以上，以避免试验工装自身的变形影响试验数据的有效性。

　　试验过程中需要根据仿真分析的预示结果在产品上相应位置（应力较大区域或产品强度薄弱位置）粘贴应变片或布置位移传感器。粘贴应变片时若不确定应变的方向，可以按照 0°、45°、90° 三个方向粘贴应变花。对于三爪式对接与捕获机构而言，三个手爪为应力较大区域，且仅受拉变形，可以在手爪上粘贴单向应变片。布置位移传感器要结合仿真预示，在变形较大对应区域对称、分层布置，对于三爪式对接与捕获机构，在主动端与被动端对接面处应周向间隔 60° 均布。所有的应变片、应变花、位置传感器应编号标识，便于数据采集、存储及后处理。

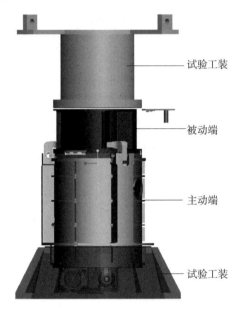

图 4-7　三爪式对接与捕获机构加载工装示意图

4.4.2　寿命试验

　　此处讨论的寿命试验是指工作次数寿命，制定寿命试验方案时应关注以下几方面：

　　1）寿命试验件一般应与正样产品技术状态一致。

　　2）寿命试验前，试验件应已完成规定的验收级试验。

　　寿命试验条件应重点考虑以下方面：

　　1）温度条件、载荷条件、接触应力及其他典型工作条件；

　　2）试验件的运动幅度和运动速度；

　　3）寿命试验的试验条件应经任务提出方认可；

　　4）应对寿命试验的剖面和顺序进行定义，并经任务提出方认可。

　　寿命试验持续时间的设计应至少考虑以下因素：

　　1）寿命试验持续时间应为考虑一定裕度的地面试验次数与在轨工作次数的总和；

　　2）除非另有规定，寿命试验持续时间因子见表 4-7，其中工作次数的定义应经任务提出方认可；

　　3）应按表 4-7 的规定，对地面工作次数和在轨工作次数进行统计，并分别乘以相应寿命试验持续时间因子，两者之和为寿命试验次数；

　　4）如果使用加速寿命试验来验证机构的寿命，应对加速寿命试验方案的有效性进行评估，并经任务提出方认可；

　　5）寿命试验后，应对试验件进行拆解，检查机构及润滑部件的状态，并按照试验成功准则进行判断。

表 4-7　寿命试验持续时间因子

阶段	预期动作次数	不确定性系数	试验所需动作次数
地面测试	$n \leqslant 10$	—	10
	$n > 10$	4	$4 \times n$
在轨飞行	$n \leqslant 10$	10	$10 \times n$
	$10 < n \leqslant 1\,000$	—	$4 \times n + 60$
	$1\,000 < n \leqslant 100\,000$	—	$2 \times n + 2\,060$
	$n > 100\,000$	—	$1.25 \times n + 77\,060$

4.4.2.1　寿命试验次数的确定

　　对于三爪式对接与捕获机构来说，任务提出方要求其在轨工作次数为 3 次，地面工作次数为 15 次，则根据表 4-7 可以计算出寿命试验次数，见表 4-8。寿命试验实施过程中需考虑真空与常压、高低温与常温等主要环境因素对试验过程的影响，且需要在寿命试验过程中检测三爪式对接与捕获机构的捕获功能中主要性能参数测试（驱动组件电流、预紧力值）、电连接器插接导通性能等。

表 4-8　三爪式对接与捕获机构寿命试验次数计算

数据	计算
期望的地面工作次数：15	$15 \times 4 = 60$
期望的在轨工作次数：3	$3 \times 10 = 30$
总的寿命试验次数	$60 + 30 = 90$

　　考虑环境因素后三爪式对接与捕获机构的 90 次寿命试验可以按表 4-9 实施。

表 4-9　三爪式对接与捕获机构寿命试验次数分配

序号	试验环境	试验次数	测试项目
1	常温常压	2	捕获性能测试
2	鉴定级真空高温、真空低温	12	捕获性能测试
3	常温常压	2	捕获性能测试
4	鉴定级真空高温、真空低温	12	捕获性能测试
5	鉴定级真空高温、真空低温	2	捕获性能测试
6	常温常压	2	捕获性能测试

续表

序号	试验环境	试验次数	测试项目
7	常温常压	2	1）捕获性能测试； 2）导通性能测试
8	工作温度真空高温、真空低温	4	1）捕获性能测试； 2）导通性能测试
9	常温常压	2	1）捕获性能测试； 2）导通性能测试
10	常温常压	50	捕获性能测试

4.4.2.2　寿命试验方案

寿命试验工装是主动端与被动端对接分离的辅助工装，能够在真空罐、高低温箱或常温常压下使用，如图4-8所示。试验时可以将主动端与被动端安装在试验工装内，试验工装可以支持主动端与被动端5个自由度的相对运动，确保主动端可以与被动端重复实现捕获、分离动作。

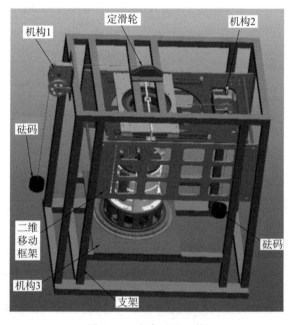

图4-8　寿命试验工装

在真空罐或高低温箱中开展试验时可以整套试验工装移入真空罐或高低温箱内，通过穿舱电缆连接。图4-9是三爪式对接与捕获机构在真空罐内开展寿命试验的实物图。

4.4.3　可靠性试验

可靠性定义为装备在规定条件和规定的时间内，完成规定功能的能力。定义中规定的条件包括环境条件、负载条件和使用维修条件，规定的完成功能的能力是指在规定条件下出现故障的概率。

图 4 - 9　三爪式对接与捕获机构在真空罐内开展寿命试验（见彩插）

4.4.3.1　可靠性特征量分析

针对三爪式对接与捕获机构的捕获、对接、锁定、释放与分离功能，其失效模式主要为随着工作次数变化导致的润滑磨损失效，对于三爪式对接与捕获机构这种重复工作的产品，以其工作次数（即完成一次完整的从捕获到分离的次数）描述其工作特性，比工作小时数更符合实际情况。因此，三爪式对接与捕获机构的可靠性特征量定为其捕获、释放的次数。选用威布尔分布模型，三爪式对接与捕获机构的可靠性特征量选为捕获次数。

1）可靠性特征量：主动端的捕获次数 X_0；

2）特征量分布规律：威布尔分布。

三爪式对接与捕获机构的捕获动作需要在轨进行间歇执行，其可靠性特征量一般为寿命（工作次数），采用寿命类试验进行可靠性验证。试验内容是主动端的寿命（工作次数）试验。

设任务次数为 X_0，寿命型机构的可靠性指标为 R，试验件数量为 n，一般 $n \geqslant 2$。威布尔分布的形状参数为 m，$1 < m \leqslant 3$。则需要进行寿命试验的时间（或试验次数）为 X_R，当试验时间（或次数）达到 X_R 后产品未发生失效，则验证了产品的可靠性 R

$$X_R = X_0 \left[\frac{\ln(1-\gamma)}{n \ln R(X_0)} \right]^{1/m} \tag{4-1}$$

式中　γ ——置信度。

4.4.3.2　可靠性样本量确定

三爪式对接与捕获机构的主要机构部件为驱动组件、齿轮组件、蜗轮蜗杆组件、丝杠组件、执行机构组件和轴承副等，这些部件均为成熟产品。保守起见，取 $m=2$，则三爪式对接与捕获机构的可靠度达到 0.996（置信度 0.7）时，X_R 与试验件数量 n 的关系见表

4 - 10。

　　试验方案 1：先进行地面 15 次试验，然后针对在轨 3 次进行可靠性试验。

　　试验方案 2：地面 15 次试验、在轨 3 次试验统一考虑，针对 18 次试验进行可靠性试验。

表 4 - 10　可靠性试验 X_R 与试验件数量 n 的关系

序号	试验件数量 n	$X_R(X_0 = 3,1 年)$ 每件试验次数	
		试验方案 1	试验方案 2
1	2	$15+38\times3=129$	224
2	3	$15+31\times3=108$	183
3	4	$15+27\times3=96$	158
4	5	$15+24\times3=87$	142

　　从表 4 - 10 中可知，从试验规模和周期考虑，三爪式对接与捕获机构可靠性试验方案选择方案 1 更为合理，即先完成地面 15 次试验后，再验证在轨的工作寿命。因此，在进行三爪式对接与捕获机构可靠性试验时，结合表 4 - 10 数据可知，为验证主动端在轨工作 1 年，工作次数 3 次的可靠度，需 2 台主动端样本进行试验，每台样本试验次数不少于 129 次。基于以上分析，确定主动端可靠性试验样本量为 2，每台产品捕获试验次数不少于 129 次。试验进行到 129 次后，可视情况确定是否进行摸底试验或延寿试验。

4.5　典型试验设备

　　试验设备是在地面上建设用来模拟对接与捕获机构功能与性能验证所需在轨真空、冷热交变、微重力环境的设备。

4.5.1　热试验设备

　　随着试验技术的进步，大量环境模拟器涌现，通过建立大型容器构造密闭环境，在密闭环境中建造密闭真空空间、可控温场等环境来模拟在轨的温度、真空等环境，将试验对象置于容器内开展各种真空、温度类环境试验。

　　KM6 环境模拟器（图 4 - 10）即是典型的热环境试验和真空环境试验的设备，其主模拟室为立式容器，直径 12 m，高 22.4 m，顶部有 ϕ12 m 的全开式大门，侧面有 ϕ6.5 m 的侧门。热沉内的有效直径为 10.5 m，有效高度为 16.9 m。模拟室内下方有台面 ϕ6.5 m 的隔振支撑试件的平台，可支撑试件的质量为 60 t，在模拟室的上部有 6 个悬吊试件的吊点，每个吊点承载质量为 3 t。该环境模拟器建成于 1998 年，达到了 20 世纪 90 年代同类设备的国际先进水平。KM7 环境模拟器是 KM6 的升级版，已应用于中国空间站各舱段的热试验。对于对接与捕获机构来说，无论是热真空、热循环、热平衡等常规鉴定级、验收级环境试验，还是高低温寿命试验、温差适配试验等研制性功能、性能试验，内部空间 3 m×3 m 的环境模拟器足以满足多数航天器对接与捕获机构的热试验需求。

图 4 - 10　KM6 环境模拟器

4.5.2　力学试验设备

力学试验是所有航天器机构都需要开展的试验。对于对接与捕获机构来说，常规的力学试验项目包括振动环境试验、声试验和加速度试验等，相应的试验设备可参考国家标准，图 4 - 11 为一种常见的力学试验振动台，可开展正弦、随机等力学环境试验。

1）振动环境试验：400 kN、290 kN、160 kN 等振动试验系列设备；

2）声学试验设备：2 163 m³、1 070 m³、660 m³ 混响室，最大声压级可以分别达到 154 dB，采用行波方式最高声压级可以达到 168 dB；

3）离心试验设备：旋转半径 7 m、最大加速度 80g 的离心试验设备，具备产品级的力学环境试验能力。

图 4 - 11　力学试验设备

4.5.3　重力补偿试验设备

在对接与捕获机构的捕获功能试验中，经常需要用到重力补偿设备。由于对接与捕获机构的在轨工作环境或地外天体工作环境中，其所处的重力环境与地球表面差异很大。如地球轨道卫星所受的离心力与地球重力几乎相抵，航天器处于微重力状态，其重力加速度量级一般在 $10^{-3}g \sim 10^{-4}g$；又如月球表面的重力加速度约为地球表面的 1/6，火星表面的重力加速度约为地球表面的 1/3。虽然机构最终工作在微重力或其他星球重力场中，但其制造、测试都是在地球重力环境中进行的，而地球重力对对接与捕获机构的功能特性影响很大，需要克服地球重力，依靠重力补偿设备开展试验。

传统的重力补偿试验方法包括抛物线飞行法、落塔法、气浮法、水浮法、悬吊法等，上述这些方法各有优缺点，如抛物线飞行法获得的微重力时间很短，仅有 20～25 s；落塔法利用物体在自由落体过程中所处的低重力或微重力环境来进行试验，自由下落时间仅有几秒，对于对接与捕获机构来说时间太短；气浮法仅能提供 3DOF 的重力补偿；水浮法虽获得任意模拟时间，但对被测试对象和测试设备都提出了防水要求，且由于水的阻力较大，会严重影响参试产品的动力学特性，与实际中无阻力的太空环境相差较大。在进行试验方案论证时需综合考虑被测试对象的特点、试验工况、试验流程等综合确定重力补偿的试验方法。

4.5.3.1　抛物线飞行设备

抛物线飞行是指利用飞机在按抛物线弹道飞行过程中加速度的变化来进行试验。利用抛物线飞行可以获得零重力、月球表面重力（1/6g）、火星表面重力（1/39g），甚至是负重力。NASA 和 ESA 都曾采用这种方式制造微重力环境并开展了相关试验。图 4 - 12 是一个典型的飞行抛物线曲线。每个飞行抛物线大约能提供 20～25 s 的低重力环境。

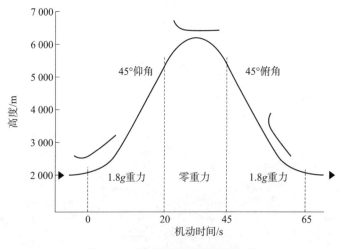

图 4 - 12　典型的飞行抛物线曲线

美国轨道快车项目的柔性杆式对接与捕获机构即利用该方法开展了多轮的抛物线飞行

试验。图 4-13 所示为 1g 和 0g 下柔性杆式对接与捕获机构开展的抛物线飞行试验差异。

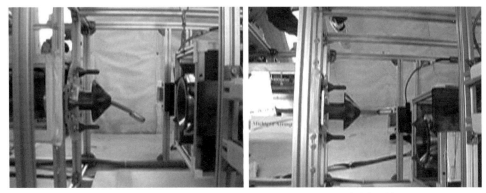

(a) 地面重力工况 (1g)　　　　　　　　　　　(b) 零重力工况 (0g)

图 4-13　1g 和 0g 下柔性杆式对接与捕获机构开展的抛物线飞行试验差异

4.5.3.2　气浮重力补偿设备

气浮重力补偿设备利用气体的压强形成气膜浮起物体，从而营造无摩擦的自由漂浮状态。由气源、承载平台和若干个气垫单元组成。利用气垫单元将重物托起，并利用气垫单元与承载平台之间的流动空气层来使移动阻力系数降到 0.001～0.005，从而达到零重力下轻松移动的目的。

在通气前气垫单元与承载平台接触，压缩空气进入气垫单元后，经由其内部的气道到达底部并通过数个小孔排出，由此产生的浮力将物体托起并与其重力保持平衡。可以用调节阀来调节供气量使气垫单元升起离地 0.025～0.25 mm（即气隙），气隙内的气压一般可达 0.1～0.35 MPa。供气量要调整适当，过多会产生颤动，过少则会使气垫单元离地高度不足，移动阻力增大。

图 4-14 所示的是气浮重力补偿装置的工作原理，由于气垫离开承载平台的间隙很小，要求承载平台平整无缝，平台的宏观起伏和微观粗糙度都不允许超过规定值，否则会因漏气而导致托不起重物。气浮重力补偿装置的局限性为提供面内移动和转动（3DOF），图 4-15 是某三爪式对接与捕获机构采用气浮重力补偿原理开展的捕获功能试验。

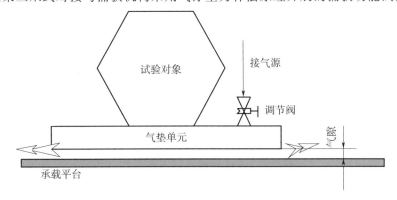

图 4-14　气浮重力补偿装置的工作原理

　　面向对接与捕获机构的气浮重力补偿装置一般包括航天器模拟件、气浮平台、气源、控制设备和对接与捕获机构综合测试设备等，如图4-16所示。在两个航天器模拟件上应安装伺服驱动装置、位置测量装置和角度传感器，驱动两航天器建立对接与捕获初始条件、测量对接分离过程中航天器模拟器位置与姿态参数。主动端或被动端所在航天器上还应安装六维力传感器测量对接与捕获机构对接、分离过程中的相互作用力。

图4-15　三爪式对接与捕获机构气浮捕获试验

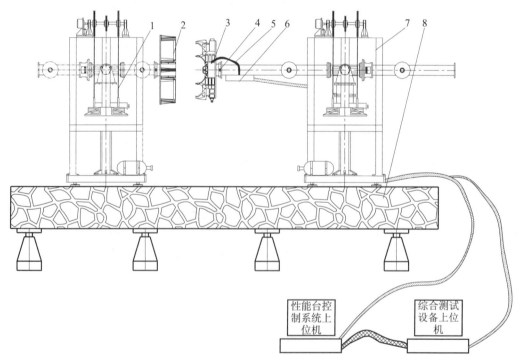

图4-16　气浮重力补偿装置组成图

1—被动航天器；2—被动端；3—主动端；4—六维力传感器；5—连接电缆；

6—综合测试设备下位机；7—主动航天器；8—大理石平台

4.5.3.3   水浮重力补偿设备

由于失重环境下的物体都处于漂浮状态，因此可以利用水的浮力来模拟这种漂浮状态，从而比较精确地模拟失重环境下力的作用与反作用特性，一种机械臂进行水下零重力测试的试验场景如图 4 - 17 所示。

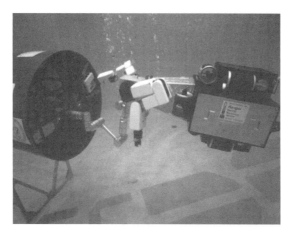

图 4 - 17   机械臂进行水下零重力测试

水浮重力补偿设备利用水的浮力来消除重力的影响，可以实现空间六维的运动，水浮重力补偿设备一般由主容器（水槽）、供气系统、供水系统、安全救生系统，以及照明、测试、通信、试验服等配套系统组成。

4.5.3.4   悬吊重力补偿设备

悬吊重力补偿设备使用吊具将测试对象吊起以抵消重力，通过控制吊具的移动和伸长来配合测试对象移动。悬吊系统对重力以及系统摩擦力的补偿精度不高，对测试对象的动力学特性影响较大，且悬吊系统与测试物体之间存在耦合振动，会导致系统不稳定。

悬吊重力补偿设备是最常用的重力补偿设备，通常可以配合气浮法、浮力气球等搭建成综合系统来配合复杂的对接与捕获机构开展实验。三维地面重力补偿设备原理图如图 4 - 18 所示。

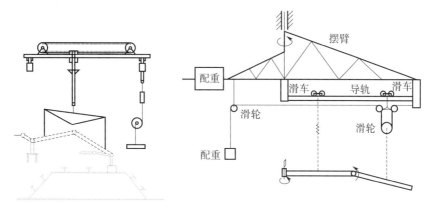

图 4 - 18   三维地面重力补偿设备原理图

4.5.4　半物理模拟对接试验系统

重力补偿试验设备能够完成大部分基于位置与姿态差异的功能研制试验，但由于对接与捕获机构属于两个航天器间的交互活动，在叠加各自航天器质量、惯量基础上的动力学问题时这些试验设备仍不能覆盖。因此，半物理模拟对接试验系统应运而生。

半物理模拟对接试验系统的原理为：通过六自由度半物理模拟对接试验系统完成对接或捕获过程中的两航天器间的相对运动，其中航天器质量、惯量特性、推力等由数学模型进行计算，如图 4 - 19 所示，地面试验的对接与捕获机构与太空中真实的对接与捕获机构相同。

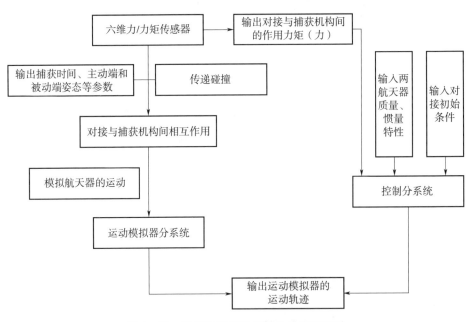

图 4 - 19　半物理模拟对接试验系统原理图

半物理模拟对接试验系统的过程为：给定两航天器的对接与捕获的初始条件，由对接试验系统执行运动规划，实现航天器的初始条件；当到达对接初始条件后，对接试验系统进入动力学仿真模式。由六维力/力矩传感器测得对接与捕获机构的相互作用力；由航天器动力学模型计算出下一时刻航天器的运动；由对接试验系统实现航天器的相对运动；以上过程反复迭代执行，从而在地面重力环境下真实再现太空零重力或地外行星重力环境下两个航天器的空间对接碰撞动力学过程。

半物理模拟对接试验系统的特点为：不需要模拟太空失重环境的硬件系统，对接与捕获机构所在航天器的质量、惯量特性通过软件设置，试验灵活性高；在真实对接与捕获机构上进行对接与捕获功能性能试验，试验结果比较真实。

半物理模拟对接试验系统的设计的首要难点就是六维大运动空间、各向同性以及高动态响应能力。图 4 - 20 为两个运动模拟器在竖直方向上串联组成半物理模拟对接试验系统的运动核心：3DOF 运动模拟器布置在上方，由于其不需要很高的动态响应特性，将质量较重的主动端安装在 3DOF 运动模拟器的运动平台上；6DOF 运动模拟器布置在下方，其运动平台上安装质量较小的被动端，从而使得 6DOF 运动模拟器具有更好的动态性能；两个运动模拟器的对称轴线重合且与重力方向平行。在第一阶段的实验中，3DOF 运动模拟器配合 6DOF 运动模拟器一起运动，共同实现对两个航天器相对运动的模拟，在 3DOF 运动模拟器的配合下，可以实现超长的纵向运动空间以及更大的转动空间。在第二阶段的实验中，3DOF 运动平台运行到最下端并锁死固定，此时主动端通过 3DOF 运动平台与机架固连，只能进行抓取、锁紧动作，6DOF 运动模拟器带着被动端运动，并与主动端碰撞，从而模拟主动端、被动端在对接与捕获过程中的碰撞过程。

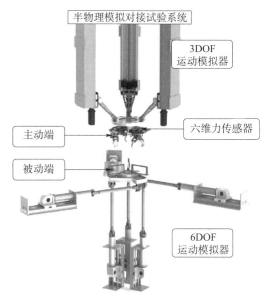

图 4 - 20　半物理模拟对接试验系统

　　结合两个运动模拟器在地面测试实验中所担当的不同角色，也可形象地称它们为交会模拟机构（3DOF）和碰撞模拟机构（6DOF）。图 4 - 21 为在轨工况与半物理模拟工况的对照图。

　　图 4 - 22 所示的半物理仿真对接动力学试验系统是我国研制的用于载人航天工程交会对接模拟试验的综合试验台，主要由运动模拟器、控制与采集系统、温度模拟系统、影响监视系统、支撑基建系统等组成。在该试验系统上不仅可以进行不同姿态的对接试验，同时还可以对对接机构进行常温和高温等不同环境下的对接动力学试验。

　　（1）运动模拟器

　　六自由度的运动模拟器可以在三维空间中产生三个方向的位移和绕三个方向旋转的任意运动，用于模拟两航天器对接与捕获过程中的相对运动。运动模拟器由六个作动器和控制器组成。对接与捕获机构的主动端、被动端分别安装在运动模拟器上平台、运动模拟器下平台上，力传感器安装在运动模拟器上平台和被动端之间。

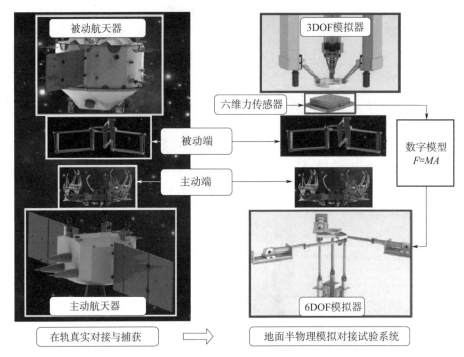

图 4 - 21　在轨工况与半物理模拟工况的对照图

（2）控制与采集系统

控制系统主要实现对底层伺服驱动系统的实时控制，对运动平台进行运动规划、运动反解以及实现运动模式的切换，实现对运动模拟器的信号采集和实时通信等功能。

（3）温度模拟系统

温度模拟系统为参试对象提供高温或低温的温度场环境，模拟对接与捕获机构在轨工作的温度条件，验证温度场、力学综合作用下的对接与捕获功能。

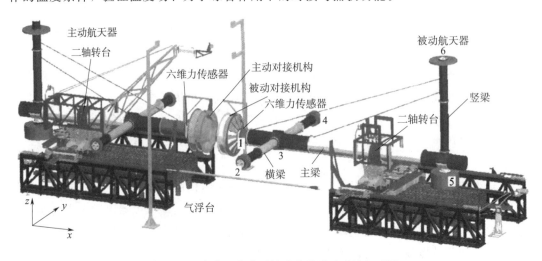

图 4 - 22　半物理仿真对接动力学试验系统组成图

第 5 章 对接与捕获机构实例

5.1 概述

本章结合第 2 章、第 3 章、第 4 章分别介绍的航天器对接与捕获机构的设计、分析及验证方法，给出三个典型的设计实例。第一个设计实例介绍如何根据任务需求开展系统方案论证；第二个实例介绍一种三爪式对接与捕获机构的捕获功能设计、分析及验证过程；第三个设计实例结合一种异体同构构型的对接与捕获机构，对其锁定功能设计、分析及验证进行介绍。

5.2 系统方案论证实例

美国轨道快车项目是对接与捕获机构面向自主对接验证与实施阶段（1980—2000）最具代表性的项目，其目标是为了验证航天器自主对接、在轨加注和设备更换等在轨服务的关键技术。该任务要求实现两航天器的在轨捕获和对接，并建立可靠的电路连接。针对该任务需求，美国密歇根宇航公司（Michigan Aerospace Corporation，MAC）和 SRC（Starsys Research Corporation，SRC）公司分别提出了各自的设计方案，并完成了相关地面试验，最终轨道快车项目选用了 SRC 公司的三爪式对接与捕获机构，并完成了在轨演示验证。本章针对轨道快车项目中对接与捕获机构的任务需求，结合前文的设计方法，对对接与捕获机构的系统方案论证进行举例。

5.2.1 任务需求

因美国轨道快车项目公开的资料有限，且该项目中间几经调整，披露的信息数据可能不是最终数据，仅作为参考。本章提到的设计要求为作者结合轨道快车项目任务进行推定或假设，与真实参数会有出入，但不影响本章的举例分析过程，特此说明。

5.2.1.1 功能需求

1）轨道快车项目的主任务是完成一颗 700 kg 级航天器（主动航天器）和一颗 300 kg 级航天器（被动航天器）的在轨重复对接与分离；

2）两航天器上配套一套对接与捕获机构，具备一定位姿条件下两器对接捕获与分离功能，并给出通断信号；

3）两航天器对接完成后建立电路的连通，两器分离后实现电路的断开。

5.2.1.2　性能指标

1）主动航天器和被动航天器工作的轨道高度为 400～450 km 近圆轨道、轨道倾角 42°～ 43°，可获得该轨道下的空间环境条件；

2）对接与捕获机构由两部分组成：主动端和被动端，承受发射段力学条件；

3）重量要求：主动端小于 20 kg，被动端小于 10 kg；

4）功耗要求：主动端小于 100 W，被动端小于 100 W；

5）包络要求：主动端 $\phi300$ mm×400 mm，被动端 $\phi300$ mm×200 mm；

6）容差要求：三向位移±0.07 m、三向速度±0.02 m/s、三向角位置偏差±5°、三向角速度偏差±0.1（°）/s。

5.2.2　任务分析

轨道快车项目的任务剖面可以分解为地面总装测试阶段（地面环境）、单独发射阶段（发射环境）、在轨对接与分离重置阶段（在轨环境）三个主任务阶段。

（1）地面总装测试阶段

对接与捕获机构的主动端和被动端需各自完成装配精测、电性能测试、机构运动功能测试、力学试验和热试验等测试项目，并联合完成系统级联试等试验项目。

（2）单独发射阶段

对接与捕获机构的主动端和被动端分别固连在主动航天器和被动航天器上，设计主要考虑主动端和被动端自身的构型设计及抗力学环境设计。

（3）在轨对接与分离重置阶段

对接与捕获机构的主动端和被动端需要实现以下功能。

①姿态容差适配功能

捕获：在两航天器初始位姿条件下捕获；

拉近与校正：捕获后提供一定拉紧力使两器靠近，拉近过程中经粗导向完成容差校正（俯仰/滚转/偏航）；

阻尼：采取缓冲措施避免刚性碰撞；

精导向：使两航天器位姿达到重复锁定的容差范围。

②重复锁定解锁功能

锁定：靠机构将两器结构连接固定，能够抵抗轴拉、轴压、弯、剪、扭等各向载荷，并给出锁定信号；

防松弛：长期锁定时应考虑应力松弛；

分离：解锁后提供一定的相对分离速度和分离姿态，给出分离信号。

③电路的连通功能

定位：使主动端、被动端上配置的电连接器在给定的位姿条件下建立电路的连通。

针对三个主任务阶段对应的环境进行任务剖面分析，可参见表 5－1、表 5－2、表 5－3 和第 4 章的表 4－5。

表 5 - 1　地面总装测试阶段任务剖面分析

地面阶段任务及环境	总装测试阶段	力学试验阶段	热试验阶段	系统级联试阶段	发射场阶段
任务描述	地面阶段总装测试 2 年;经历常温常压环境;被动端电连接器需要进行导通测试;主动端需要加电测试	主动端和被动端随两航天器进行力学试验,试验项目包括随机、正弦以及冲击试验,试验量级依据相应运载火箭的要求	主动端和被动端随两航天器进行热试验,试验条件见相应设计要求;被动端、主动端需要进行单机热循环、热真空试验,并在高低温下进行机构运动性能验证	在六自由度试验系统上模拟相对位姿条件下的对接与分离试验	某发射场,总装测试约 75 天;经历常温常压环境,有盐雾环境;对产品进行加电测试
环境条件	常温常压,相对湿度 30%～70% R. H.	常温常压,相对湿度 30%～70% R. H.	在有热控实施条件下热试验温度为 −50～+60 ℃	常温常压,相对湿度 30%～70% R. H.	常温常压,有盐雾环境,相对湿度 30%～70% R. H.,(发射场整流罩内 10%～95% R. H.)
载荷条件	—	根据安装位置结合火箭发射段力学环境分析,主动端、被动端最大载荷为 20g	—	对接冲击载荷	有防护的运输环境

表 5 - 2　单独发射阶段任务剖面分析

发射阶段任务及环境	被动端随被动航天器发射	主动端随主动航天器发射
任务描述	1)经历从地面到在轨的环境变化; 2)能够承受发射段的载荷条件	1)经历从地面到在轨的环境变化; 2)能够承受发射段的载荷条件
环境条件	1)由地面的常温常压环境变为低轨的舱外真空环境; 2)环境温度条件为 −50～+60 ℃	1)由地面的常温常压环境变为低轨的舱外真空环境; 2)环境温度条件为 −50～+60 ℃
载荷条件	1)见表 5 - 3; 2)被动端距离星箭分离面高度为 1 000 mm	1)见表 5 - 3; 2)主动端距离星箭分离面高度为 2 000 mm

表 5 - 3　星箭分离面的准静态载荷

飞行段	轴向过载系数/g			横向过载系数/g		
	静	动	综合	静	动	综合
跨声速抖振及最大动压工况	−1.9	±0.6	−1.3 −2.5	0.6	1.0	1.6
一、二级分离前瞬间工况	−5.3	±0.6	−4.6 −5.8	0.4	0.6	1.0
一、二级分离工况	−0.1	±3.0	+2.9 −3.1	0.4	0.6	1.0

注:1)纵向负号为压,正号为拉;
　　2)纵向、横向载荷同时作用,横向载荷可垂直于箭纵轴的任何方向。

5.2.3　方案论证

在完成了任务分析和指标梳理后，方案论证是结合上述设计要求和工程经验提出多种设计方案，并对方案进行优化的过程，下文按照前述设计思路对轨道快车项目竞标的两种设计方案进行复现，并对优缺点进行比较。

5.2.3.1　柔性杆式对接机构

柔性杆式对接与捕获机构主要由主动端和被动端两部分组成，两者分别安装于主动航天器和被动航天器上。其部组件组成及功能见表 5 - 4。

表 5 - 4　柔性杆式对接与捕获机构部组件组成及功能

类型	名称	功能
主动端	主体结构	包括主结构、周边杆组件、解锁组件、导向组件、限位组件等，提供支撑和连接功能。周边杆组件为杆套杆结构，锁定和解锁执行组件；导向组件具有对接拉近过程的导向功能；分离组件在分离后提供分离初始力；限位组件起主动端和被动端拉近后限位功能
	移动平台	包括移动支架、中心杆组件，实现柔性对接和解锁执行，同时提供主动端和被动端拉近过程的传力。移动支架上下分别连接导杆和丝杠，中间连接可外伸的中心杆组件，中心杆组件为杆套杆结构，一端连接移动支架，另一端连接霍尔接近开关
	驱动组件	电机＋减速器＋控制器＋连接结构件，是实现软对接和主动端和被动端拉近的驱动组件
	控制器	通过控制电机的正转和反转，实现中心杆的前进或者后退；通过中心杆顶端的到位信号，实现电机反转的控制
被动端	被动对接盘	主结构，提供支撑和连接功能。对接过程中心杆组件、周边杆组件的导向功能
	锁定/解锁组件	对接过程中心杆、周边杆的锁定，形成主动端和被动端的刚性连接；解锁过程的被动执行机构

其工作原理是采用圆周内中心软对接加周边刚性锁紧的布局形式，中心杆为柔性，实现软对接后，周边三套均布的刚性杆实现刚性连接。柔性中心杆能够完成初始对接时两航天器俯仰/偏航方向的姿态角度偏差纠正，以及横向（径向）位置的姿态位移偏差纠正，三个边杆完成初始对接时两航天器滚转方向的姿态角度偏差纠正且提供两航天器连接后的刚度。中心杆由电机驱动，在外伸和回缩动作时具有限位控制，外伸到位后有霍尔型接近开关提供反馈信号。中心杆和周边杆的解锁采用电磁解锁方式。

两航天器在交会的末段，进入捕获包络范围后，仍会具有一定的位姿偏差，柔性杆式对接与捕获机构将克服位姿偏差，分三步建立两个航天器间的连接，对接过程示意图如图 5 - 1 所示。

（1）建立软连接

中心杆在初始状态下收拢于主动端支撑结构内，捕获开始前，在电机的驱动下外伸到被动端的锥孔内，由被动端的锁定/解锁组件抱住中心杆的杆头，实现柔性捕获。中心杆伸出及锁定过程为：电机通过减速器驱动丝杠转动，丝杠转动带动移动支架在主体结构内

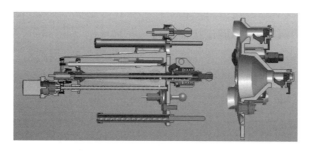

(a) 建立对接姿态

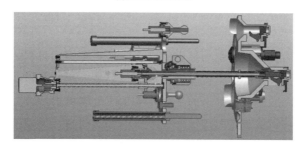

(b) 中心杆外伸捕获

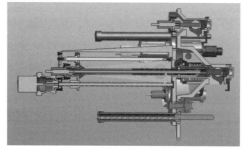

(c) 回拉、锁紧完成对接

图 5-1　柔性杆式对接与捕获机构工作过程

沿导杆平动，在移动支架的带动下，中心杆逐渐伸出，至中心杆头部接触到被动端的收纳锥后，在锥面的导向作用下，中心杆滑入锁定/解锁组件的中心孔中，由锁定爪抱住中心杆头部，完成软对接，并由中心杆头部的霍尔接触开关反馈锁定信号。

（2）对接

在初步完成姿态偏差校正后，通过中心杆将两航天器相互拉紧，过程中校正位姿偏差，最终形成连接预紧力。

当柔性杆式对接与捕获机构接收到锁定信号后，电机反转，通过丝杠带动移动支架在主体结构内滑动，中心杆收缩，在中心杆的拉动下主动端与被动端拉近靠拢。过程中利用被动端相应的 3 个锥面导向，调整主被动机构相对位姿关系，3 个周边杆杆头进入被动端的锥孔内，被 3 个对应的锁定/解锁组件锁定。

在捕获完成后，在中心杆收回的末段，通过主动端上预先设计的导向锥实现精确位置对准。在持续拉紧情况下判断预紧力满足要求后，电机停止工作，制动器启动，刚性连接完成。

（3）建立气、液、电路等功能连接器连接

在完成刚性连接建立的同时，分布在主被动两端的气路连接器、液路连接器和电连接器完成对接动作，电连接器插入力由驱动组件提供，拔出力由导向分离组件提供。气路连接器、液路连接器的插拔力由连接器自身提供。

5.2.3.2　三爪式对接与捕获机构

三爪式对接与捕获机构主动端采用圆周内均布的三套轮槽式捕获手对目标进行捕获。三套捕获手在移动组件的运动下实现"D"字形运动，实现对被动端初始容差的校正并将被动端锁紧。

为了获得较好的捕获容差，主动端中的捕获手采用轮槽式机构，且在完成张开及收拢两个动作时使用位置传感器进行位置检测，避免整个装置运动异常时受到破坏。抓捕机构的收拢、张开动作是通过捕获手基座的平动及手爪的轮槽机构约束来实现的，手爪轮槽内的三套滚轮与主结构上的三套纵向导槽形成单自由度运动副，通过滚珠丝杠副的转动来带动基座平动。主动端的这种结构形式既有利于提高整个系统的连接刚度，又能保证整个抓捕装置的结构紧凑化小型化。

三爪式对接及捕获机构组成及功能见表 5-5，构型如图 5-2 所示，其工作过程（图 5-3）分以下步骤：主动端手爪捕获过程进入被动端 V 形槽，手爪轮廓与 V 形槽轮廓相吻合，完成第一步粗定位；手爪完成校正之后，安装在主动端顶盖上的弹簧导向销进入被动端销孔之中，完成第二次定位，该校正功能的目的在于消除姿态偏差；主动端和被动端的对接端面上的三对圆弧齿条进行啮合，完成最终的精确定位。分离过程与捕获过程相反。

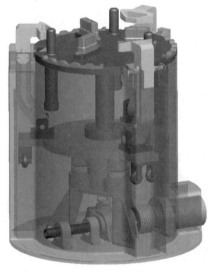　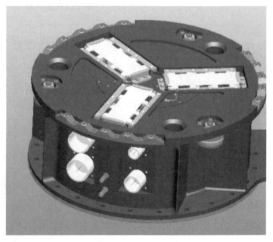

(a) 主动端　　　　　　　　　(b) 被动端

图 5-2　三爪式对接与捕获机构构型图

(a) 初始状态

(b) 手爪校正阶段 1

(c) 手爪校正阶段 2

(d) 导向销校正阶段

(e) 圆弧齿条校正阶段

(f) 锁紧状态

图 5-3　三爪式对接与捕获机构工作过程

表 5-5　三爪式对接与捕获机构组成及功能

序号	类型	名称	功能
1	主动端	驱动组件	通过控制电机的正转和反转,实现运动基座的前进或者后退;通过位置传感器的到位信号,实现电机反转的控制
2		传动执行组件	传动执行组件作为机构的最终抓捕动作的执行机构,主要由捕获手爪、滚珠丝杠组件、蜗杆蜗轮组件组成,其功能是将驱动源的力矩传动到手爪上,驱动手爪完成展开收拢动作
3		支承组件	装配基体及承力结构,主结构内沿周向均布有三套导向运动滑道,它们与运动基座配合形成运动副,并能提高系统的连接刚度。主结构末端与底盖固连,连接形式为螺栓连接。主结构顶、底两端提供有丝杠轴承安装空间
4		导向缓冲分离组件	提供对接过程中主动端与被动端的入位导向功能,并缓冲对接碰撞的冲击载荷,将对接过程中的能力储存蓄能,在分离时提供分离力
5	被动端	主体结构	与主动端形成对偶,为承载主结构,无源设计,提供其上电连接器、气液路断接器、电缆等的支撑和连接功能

5.2.4　方案比较

三爪式对接与捕获机构和柔性杆式对接与捕获机构的优缺点以及验证情况见表 5-6。通过方案比较和进一步详细设计再结合性能指标,最终即可优选出最终的系统方案。

表 5-6　对接与捕获机构方案对比

名称	机构形式	优点	缺点	验证情况
三爪式	一套丝杠螺母带动三套轮槽式机构,一个驱动源实现机构的展开、捕获、拖动校正以及锁紧	捕获过程中弱撞击;平移方向及轴向容差大,纠偏能力强;只需要一套驱动装置,机构设计灵巧;可扩展性良好	机构形式较复杂,体积较大,国内北京空间飞行器总体设计部仿制的对接机构主动端包络尺寸约 $\phi500$ mm$\times$800 mm,被动端 $\phi500$ mm$\times$300 mm,进一步瘦身的难度较大	完成了地面鉴定试验并通过了在轨演示验证

续表

名称	机构形式	优点	缺点	验证情况
柔性杆式	一套电机丝杠实现软对接、锁定、捕获拖动，电磁铁解锁	捕获过程中弱撞击；布局紧凑、占用空间较小；结构简单，对接可靠性高；可扩展性良好；被动端无源	捕获容差范围小，捕获后反馈信号装置设计难度大	完成了地面鉴定试验并经历了抛物线飞行试验

5.3　捕获功能设计、分析及验证实例

5.3.1　捕获功能设计

捕获功能设计又可称为容差设计，以三爪式对接与捕获机构为例，容差设计、容差分析与容差试验都是三爪式对接与捕获机构的重要研究内容，在方案论证和详细设计过程中就需要重点关注，在满足容差指标前提下，综合考虑构型的可行性、仿真分析的全面性及试验验证的有效性。

容差设计是三爪式对接与捕获机构详细设计的内容；容差分析是对接机构完成捕获动作机构的运动轨迹设计及尺寸链分析；容差验证包括仿真分析验证和实物验证，仿真分析验证是基于某动力学仿真方法对容差设计结果的合理性进行评估，需要遍历三爪式对接与捕获机构工作的所有工况；实物验证是对仿真分析方法的验证，是对容差设计的功能和性能指标的最直观量化。

三爪式对接与捕获机构的容差设计理念为三级容错，三级容错中前两级解决的问题是电连接器正确插合的导向问题；第三级解决的是电连接器插合后避免电连接器受力，而采用圆弧齿条抗各向力载荷，解决在轨冲击时对接机构的承载问题。

如图 5-4 所示，三爪式对接与捕获机构的手爪与导向杆安装在主动端结构的前端。如图 5-5 所示，圆弧齿条安装于主动端与被动端上，依次通过手爪、导向杆与圆弧齿条实现主动端与被动端对接过程中的三级容错。

为实现主动端对接面与被动端对接面上电连接器间的高精度插接，且实现插接后的抗冲击能力，具体方案如图 5-4 所示，手爪周向均布三个，末端安装于主动端内部的移动平台上；通过控制移动平台上升，实现三个手爪伸出主动端壳体并展开；通过控制移动平台下降，实现三个手爪收拢后收回主动端壳体内。三个手爪的前端向内弯曲 90°，呈梯形状，且底面为水平面。

如图 5-6 所示，在被动端外壁周向等角度布置 3 个对接槽，该对接槽沿被动端轴向设计，截面呈梯形状，尺寸与手爪前端匹配；且对接槽端部具有对接台，该对接台位于被动端对接面位置。通过上述设计，由主动端 3 个手爪与被动端 3 个对接槽的配合，实现一级容错。在主动端与被动端进行对接时，控制移动平台上升，使 3 个手爪伸出主动端壳体并展开；当 3 个手爪到达展开包络尺寸覆盖被动端的范围时，控制移动平台下降，使 3 个手爪收拢。收拢过程中 3 个手爪的对接头分别深入被动端周向上的对接槽内，过程中通过

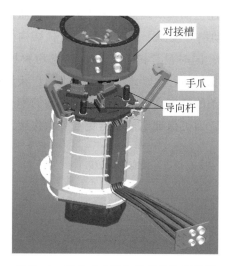

图 5 - 4　三爪式对接与捕获机构原理图

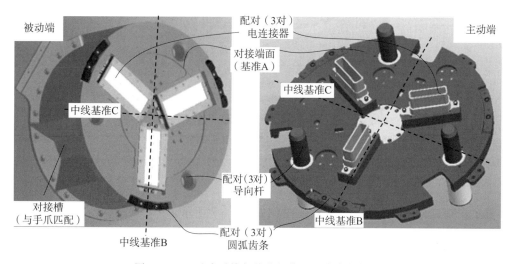

图 5 - 5　三爪式对接与捕获机构圆弧齿条结构图

对接槽侧壁导向，直至对接头完全滑入对接槽；随后 3 个手爪的对接头沿对接槽向对接台移动，直至对接头底面与 3 个对接槽外端的对接台接触，完成一级容错。

　　导向杆安装于主动端对接面上，与主动端对接面垂直设置，周向均设 3 个。同时被动端周向上等角度间隔设计有 3 个对接孔，3 个对接孔位置与导向杆位置匹配。在完成一级容错后，进一步通过手爪拉动主动端向被动端靠近，该过程中，3 个导向杆分别配合插入 3 个导向孔内，实现导引定向作用，且设计导向杆与导向孔间的配合精度高于手爪与对接槽间的配合精度，由此完成二级容错。通过上述两级容错，可实现主动端与被动端的电连接器精确插合。

　　如图 5 - 6 所示，圆弧齿条安装于主动端对接面与被动端对接面外缘周向上设计的弧形槽内，圆弧齿条形状与弧形槽匹配。圆弧齿条上表面具有齿状结构，且齿状结构凸出主动端与被动端的对接面。上述主动端对接面上圆弧齿条的齿状结构中，具有 3 个齿，则在 3 个齿间形成 2 个凹进；被动端对接面上圆弧齿条的齿状结构中，具有 2 个齿，则在 2 个齿两侧及之间形成 3 个凹进；同时设计圆弧齿条上的齿均为梯形截面结构。通过上述设计，在导向杆全部插入导向孔之前，主动端圆弧齿条上的齿状结构与被动端上齿状结构互相啮合接触，且设计圆弧齿条的精度高于前两级容错机构的配合精度，使得在外载荷作用下，圆弧齿条优先承载受力，即可保证电连接器免受外力作用。

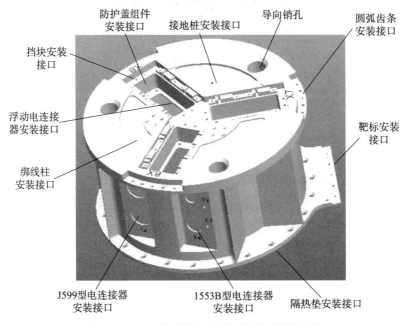

图 5-6 三爪式对接与捕获机构被动端结构图

整个对接过程的时序图及间隙控制举例如图 5-7 所示。

5.3.2 捕获功能分析

假设对接任务中两个航天器分别称为主动航天器和被动航天器，三爪式对接与捕获机构的主动端与被动端分别安装在两个航天器上。主动端和主动航天器固定连接在一起；被动端与被动航天器固定连接在一起，对接过程中的主动端和被动端均为刚体。为了更准确地描述它们之间的相对位置和姿态信息，需建立统一坐标系，如图 5-8 所示，用于描述主动端与被动端的相对姿态。

依据第 3 章中的对接动力学理论及方法，即可开展基于商业分析软件（如 ADAMS）的动力学仿真分析。首先建立三爪式对接与捕获机构三维模型，经简化后导入动力学仿真软件，完成在软件中的部组件接触关系定义，然后根据实际工作模式添加运动副，完成模型装配，如图 5-9 所示。

（1）整器参数赋值

模型中的航天器质量、惯量参数设置见表 5-7。

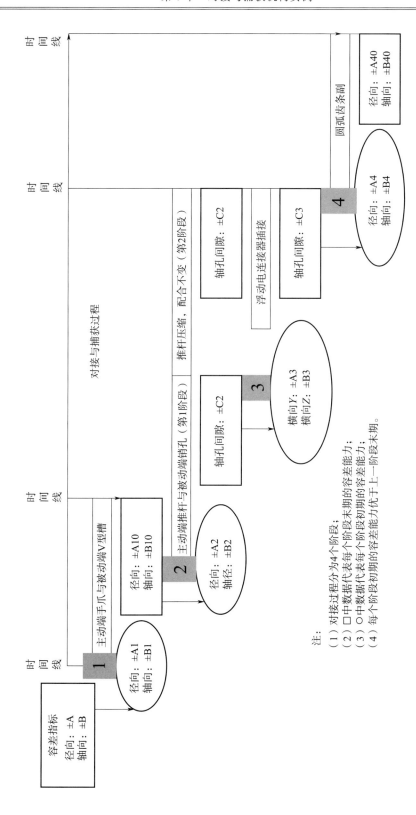

图 5 - 7　三爪式对接与捕获机构对接过程时序图

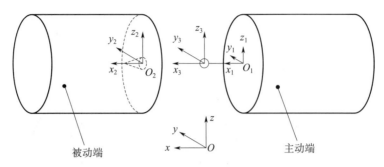

图 5-8 全局统一坐标系示意图

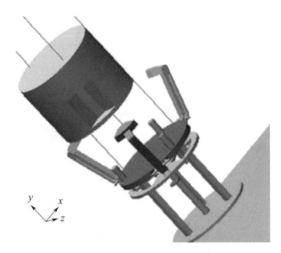

图 5-9 ADAMS 软件模型装配及定义

表 5-7 航天器质量、惯量参数设置

航天器	质量/kg	质心/mm (相对于本舱几何坐标系)			惯性矩/(kg·mm²) (相对于本舱质心坐标系)			惯性积/(kg·mm²) (相对于本舱质心坐标系)		
		X	Y	Z	I_{xx}	I_{yy}	I_{zz}	I_{xy}	I_{yz}	I_{xz}
主动端	22 500	5 441.76	−43.61	−2.13	1.054 0E+11	6.630 3E+11	6.587 5E+11	7.271E+09	2.161E+09	8.56E+08
被动端	21 842	5 366.25	−45.85	−2.20	7.875 6E+10	6.477 8E+11	6.531 1E+11	7.27E+09	2.16E+09	8.55E+08

（2）材料设置

模型中的材料设置见表 5-8。

表 5-8 材料设置

序号	零件名称	材料	密度/质量
1	被动端	铝合金	2.74×10^{-6} kg/mm³
2	碟簧	不锈钢	7.8×10^{-6} kg/mm³
3	弹簧	不锈钢	7.8×10^{-6} kg/mm³

续表

序号	零件名称	材料	密度/质量
4	手爪	钛合金	4.43×10^{-6} kg/mm³
5	主动端	—	28 kg
6	货盘	—	1 500 kg

（3）碰撞力与碰撞参数设置

在 ADAMS 仿真模型中，模型中零件之间的具体碰撞形式见表 5-9。

表 5-9　碰撞形式设置

序号	零件名称	碰撞形式	摩擦系数
1	弹簧与主动端上端面	点对面碰撞（Point to Plane）	—
2	碟簧与被动端	点对面碰撞（Point to Plane）	—
3	手爪与碟簧	实体对实体碰撞（Solid to Solid）	—
4	手爪与被动端	实体对实体碰撞（Solid to Solid）	0.1
5	定位销与定位销孔	实体对实体碰撞（Solid to Solid）	0.05
6	主动端与被动端	实体对实体碰撞（Solid to Solid）	—

其中，碰撞参数设置见表 5-10。

表 5-10　碰撞参数

序号	参数	数值
1	刚度（Stiffness）	7×10^{4} N/mm
2	力指数（Force Exponent）	1.5
3	阻尼系数（Damping）	10 N·s/mm
4	渗透深度（Penetration Depth）	0.01 mm

（4）弹簧弹力设置

在本模型中共有 2 种弹簧，分别为主动端与被动端之间沿圆周方向设置的 3 个与定位销连接的弹簧、在被动端与手爪夹紧处设置的 3 个碟簧。弹簧和碟簧的参数设置见表 5-11。

表 5-11　弹簧和碟簧参数

弹簧种类	刚度/(N/mm)	阻尼系数/(N·s/mm)
弹簧	5	0.025
碟簧	9 617.6	0.025

（5）运动设置

主动端与被动端对接过程为：主动端手爪展开，机械臂将主动端运送至停泊点，机械臂切换至零力模式，主动端实现捕获、校正以及拉紧动作，传感器判断主动端与被动端之间的预紧力达标后完成对接，仿真结束。典型的对接过程时序如图 5 - 10 所示。

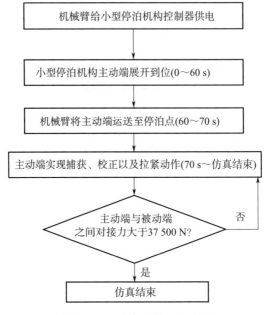

图 5 - 10　对接过程工作时序

　　在本节中，使用 ADAMS 软件对三爪式对接与捕获机构进行了动力学仿真，验证三爪式对接与捕获机构容差设计的正确性及对接功能的可行性。在进行仿真时，通常需要根据容差指标遍历多种工况，这些工况需要覆盖可能真实发生的所有状态。对所有工况的仿真结果进行分析评估，提取出设计和使用过程中的关键指标或曲线，以验证设计的正确性。

　　通常对于三爪式对接与捕获机构关注的要素，包括主动端与被动端对接过程中的碰撞力、相对位置变化、机构运动动包络范围等，如图 5 - 11 至图 5 - 13 所示。

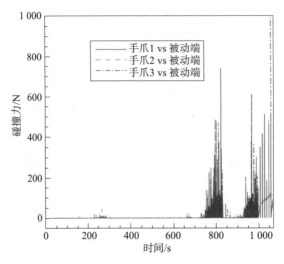

图 5 - 11　手爪与被动端碰撞力曲线（见彩插）

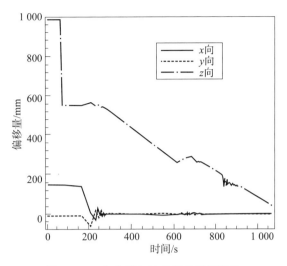

图 5 - 12　主动端与被动端轴线偏移量

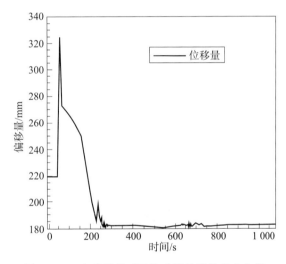

图 5 - 13　主动端相对于被动端轴线的最大包络

5.3.3　捕获功能试验

　　捕获功能试验属于对接与捕获机构的重要功能试验，需要专用的空间对接半物理仿真试验系统，此类试验系统的详细内容参见本书第 4 章。

　　空间对接半物理仿真试验系统具有的功能主要包括：

　　1）能完成不同构型对接与捕获机构、不同质量特性航天器之间的对接与捕获试验；

　　2）能自主进行轨迹规划，实现不同对接与捕获初始条件下的对接与捕获过程试验；

　　3）能进行常温常压环境下的对接与捕获试验。

　　空间对接半物理仿真试验系统可得到的试验结果包括：

　　1）获得对接与捕获过程中对接与捕获机构的六维作用力和力矩；

2）获得对接与捕获过程中航天器的相对位置和姿态；

3）获得对接与捕获过程中航天器的相对速度和角速度；

4）验证对接与捕获初始条件。

空间对接半物理仿真试验系统通常由运动模拟器系统、力测量与动力学仿真系统、中央控制台系统、摄像系统等组成，如图 5-14 所示。

1）运动模拟器系统由上平台（3DOF）、下平台（6DOF）、运动模拟器控制系统组成。主动端和被动端分别安装在上平台和下平台上，力传感器安装在上平台和被动端之间。在空间对接与捕获试验中，上平台锁死固定，由下平台提供两个航天器的相对运动。运动模拟器控制系统主要实现对底层伺服驱动系统的实时控制，对运动平台进行运动规划、运动反解以及实现运动模式的切换，实现对运动模拟器的信号采集和实时通信等功能。

2）力测量与动力学仿真系统由六维力与力矩传感器、航天器动力学仿真系统组成。对接与捕获过程中，力传感器测量碰撞力，经力传感器信号放大器放大后，由动力学仿真系统采集碰撞力，作为动力学仿真的输入，由动力学仿真算法计算出期望的相对位置和姿态。运动模拟器控制系统把期望的相对位置和姿态，发送给运动模拟器，由运动模拟器实现期望的相对位置和姿态。

3）中央控制台系统对各系统进行中心化管理，实现试验配置、试验流程控制和试验数据的管理，可根据试验流程给出向导式的提示，为用户提供友好简洁的界面。试验操作员通过中央控制台系统控制整个试验的进行。

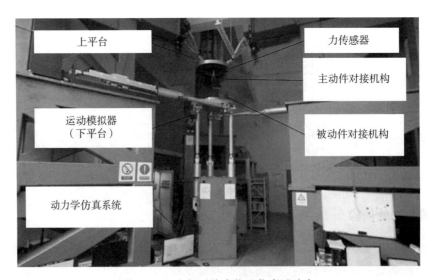

图 5-14　空间对接半物理仿真试验台

由于系统中的几个环节存在滞后，包括力信号滞后、动力学仿真计算滞后、运动模拟器控制通信滞后、运动模拟器响应滞后等，为避免系统发散和保证再现精度，需建立动力学仿真大回路补偿算法，包括运动模拟器的响应滞后补偿、运动模拟器平台刚度补偿、相位超前补偿三部分。运动模拟器的响应滞后补偿，负责补偿运动模拟器期望平台位姿与实际平台位姿的滞后；运动模拟器平台刚度补偿，负责补偿运动模拟器平台刚度引起的实际平台位姿偏移量；相位超前补偿，负责补偿包括力信号滞后、动力学仿真计算滞后、运动模拟器控制通信滞后等引起的其他相位滞后。

图 5-15 同样给出了三爪式对接与捕获机构试验设备的安装关系图，给定主动端与被动端的对接初始条件后，由运动模拟器执行运动规划，主动端与被动端达到对接初始条件后，模拟器进入动力学仿真模式。由六维力与力矩传感器测得对接过程的相互作用力。

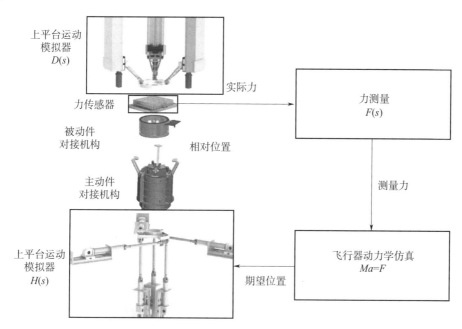

图 5-15　三爪式对接机构试验设备安装关系图

容差试验中典型的试验过程局部照片如图 5-16 所示。试验过程中通过六维力与力矩传感器和位置跟踪系统测量记录试验过程中关注的参数。

图 5-16　三爪式对接与捕获机构容差试验典型试验过程局部图

基于试验结果，常规分析方法是将试验结果与仿真分析结果进行直接对比，一方面直观证明设计正确性，另一方面利用试验结果修正仿真模型。将 ADAMS 中仿真数据与试验数据按同一维度进行对比分析，可以最直观获得所需要验证的信息。

图 5 - 17、图 5 - 18、图 5 - 19 分别给出了相对位移、相对姿态角和碰撞对接力的曲线，图中黑色实线为试验数据，红色虚线为仿真数据。可以发现在典型工况下主动端与被动端的相对位置和相对姿态偏差比较接近，仿真数据和试验数据在同一量级、吻合较好。就图 5 - 19 而言，仿真中安装面所受力和力矩自始至终均较为平均，而试验数据则在某些时刻会出现较大跳变的现象。造成这种差别的原因经分析可能是仿真环境过于理想，没有误差，根据三爪的构型对称性，这种原因使得受力抵消，从而导致主动端安装面所受力和力矩变化较为平均，而被动端安装面所受力和力矩主要来源于丝杠的匀速转动，这些由丝杠匀速转动引入的力和力矩本身较为平均，变化不会太大。

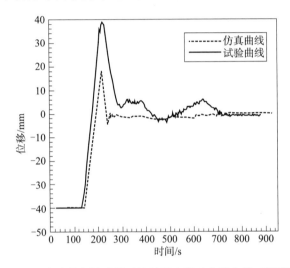

图 5 - 17　主动端与被动端对接过程中相对位移曲线（见彩插）

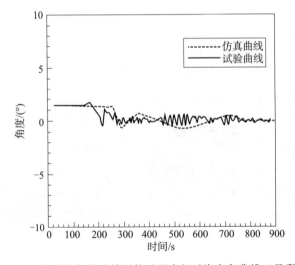

图 5 - 18　主动端与被动端对接过程中相对姿态角曲线（见彩插）

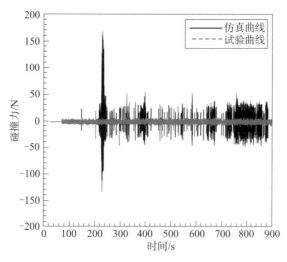

图 5 - 19　主动端与被动端对接过程中碰撞对接力曲线（见彩插）

5.4　锁定功能设计、分析及验证实例

锁定功能是对接与捕获机构完成捕获、缓冲任务后建立刚性连接并施加预紧载荷的过程，锁定后对接与捕获机构成为两个航天器主传力路径上的一个刚性环节，需要提供连接、支撑和承载功能，必要时锁定功能与分离功能进行耦合设计。本节列举了一种中小型异体同构式对接与捕获机构，给出了其锁定与分离过程的设计、分析及验证示例。

5.4.1　锁定功能设计

异体同构指的是对接与捕获机构的主动端与被动端是完全相同的，根据任务需求，在对接过程中主动端与被动端可互换。当扮演被动端角色时，对接与捕获机构在对接过程中可不运动，仅作为被对接对象（也可做镜像运动），而主动端则通过驱动模块带动相关机构工作，使得其上的执行机构与扮演被动端的执行机构对接以完成对接与锁紧工作。

如图 5 - 20 所示，异体同构式对接与捕获机构的构型整体为柱式结构，由支承结构、执行机构组件和驱动装置组成。驱动装置为执行机构组件提供驱动力，在支承结构的配合下完成对接工作。驱动装置由电机、减速器和蜗轮蜗杆组成；执行机构组件由耦合环、固定环、驱动环和插销环组成；支承结构由立柱和上下圆板组成。电机通电后，经减速器和蜗轮蜗杆将运动传递至执行机构组件，由驱动环带动耦合环和插销环在导向槽的引导下旋转和移动，最终由主动端耦合环上的主动卡钩与被动端驱动环上的被动卡钩配合完成轴向对接拉紧，由插销与被接端顶盖的插销孔配合完成周向对接锁紧。类似地，电机反转，插销抽出插销孔，主被动卡钩分离，实现对接与捕获机构的分离。

执行机构组件中驱动环、耦合环和固定环三个零件组成对接环组，驱动环作为主动件，耦合环作为从动件，固定环与对接机构的底盘固连保持不动。对接时，动力系统将力

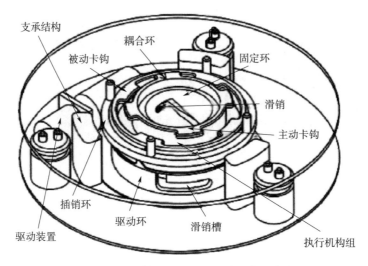

图 5 - 20　异体同构式机构组成及装配关系

矩传递到驱动环,使其匀速转动,在驱动环和固定环内外两个导槽的共同约束下,滑销按照给定轨迹旋转上升,由于滑销和耦合环固连,因此耦合环呈现和滑销相同的运动状态,在耦合环上升至最高点后再令其向下移动一小段,从而使耦合环卡扣与被动端驱动环的卡扣扣紧,完成轴向连接,如图 5 - 21 所示。

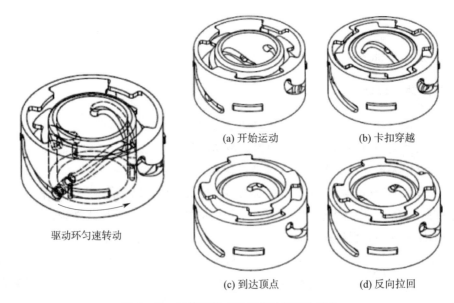

图 5 - 21　异体同构式机构作动的四个阶段

5.4.2　锁定功能分析

对于异体同构式对接与捕获机构的锁定功能分析,关键在于消除多部件机构耦合运动带来的机构卡滞影响。因此,锁定功能分析即为锁定机构的运动轨迹分析。

　　由于固定导向环固连在底盘上，故以固定导向环的特征点建立柱坐标系，以固定导向环底面中心点为原点，在底面上建立 xOy 平面；xOz 平面通过固定导向环上所开槽的起始点，即滑销与固定导向环外表面的交点 M_3，同时通过滑销与驱动环外表面的交点 M_1 以及滑销与耦合环外表面的交点 M_2，如图 5-22～图 5-27 所示。

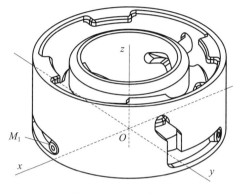

图 5-22　柱坐标系

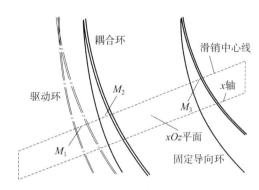

图 5-23　滑销与各环交点

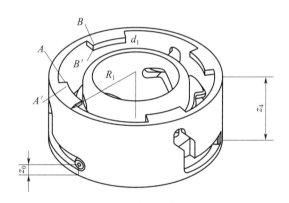

图 5-24　动环参数定义图

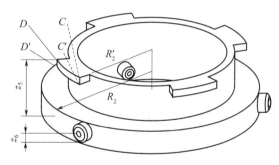

图 5-25　耦合环参数

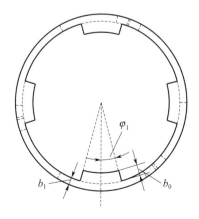

图 5-26　主动卡钩参数

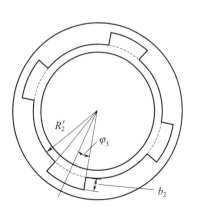

图 5-27　被动卡钩参数

将驱动环和固定导向环上所开槽的轨迹线在滑销初始点处沿驱动环外表面的切平面展开，可得到图5-28所示两条轨迹线的平面相对位置图。定义各线段的长度和角度等参数，方便后续计算的表达。

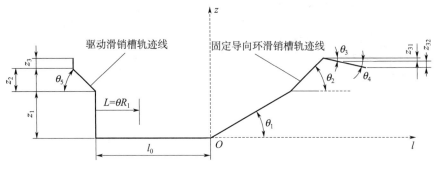

图5-28　两条轨迹线的平面相对位置图

设驱动环转过的角度为θ，驱动环上所开槽起始点转过的弧长为L，驱动环的半径为R_1。则有

$$L = \theta R_1$$

随着驱动环的转动，两条轨迹线的相对位置逐步变化，根据两者的相对位置可以将整个转动过程分为6个阶段，如图5-29所示分别对应两条轨迹线不同阶段的多种交叉组合。

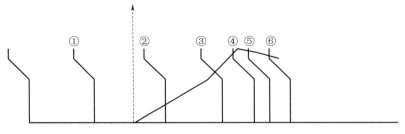

图5-29　转动阶段示意图

在驱动环旋转的过程中，耦合环在销的带动下旋转并上升，耦合环上的主动卡钩有可能与对接机构的被动卡钩发生干涉，通过计算主被动卡钩上的特征点的运动轨迹可以判断是否发生干涉，并研究发生干涉的影响因素。通过理论推导得到了锁定机构的运动学解析解，并计算得到了影响卡钩干涉的多个因素，对锁定功能的各尺寸进行了量化分析。

结合对卡钩干涉问题的各因素影响分析，可见若要避免主被动卡钩发生碰撞，则需要协调设计驱动环滑销槽水平段的长度、主被动卡钩的宽度及其初始相位，才能使主动端耦合环上的主动卡钩在机构工作初期与主动端驱动环上的被动卡钩相互错开、互不干涉，而在机构工作末期与被动对接端的驱动环上的被动卡钩相互匹配，实现锁定。

5.4.3　锁定功能验证

根据分析结果开展锁定功能验证相对简单，即根据分析结果投产实物，直接用实物进行功能演示验证即可，投产时可对不相关参数相对简化，仅进行核心部组件试验。为验证核心部件的锁定性能，手动旋转固定环，使耦合环开始运动，并深入被动机构内完成锁紧。图 5 - 30 为异体同构式对接与捕获机构完成锁定之后的状态。

图 5 - 30　异体同构式对接与捕获机构核心部件对接锁定试验

将核心部组件与驱动组件连接，在电机的带动下，整个机构可以顺畅地完成整个运动过程，实物图如图 5 - 31 所示，表明锁定功能的轨迹分析及尺寸量化结果正确。

(a) 开始运动　　　　　　　　(b) 插销伸出　　　　　　　　(c) 运动结束

图 5 - 31　异体同构式对接与捕获机构实物图

　　将两套异体同构式对接与捕获机构分别安装到模拟卫星上，并将两航天器置于单轴移动平台上模拟两航天器对接过程，当两航天器对接时，可在移动平台上移动，如图 5 - 32 所示。在完成对接后，令移动平台上的滚珠丝杠反转，此时主动航天器带着被动航天器在滑轨上一起运动，说明两套异体同构机构锁定成功。

(a) 开始运动　　　　　　　　　(b) 插销伸出　　　　　　　　　(c) 运动结束

图 5 - 32　安装异体同构式对接与捕获机构的两航天器模拟对接过程

第 6 章　对接与捕获技术展望

随着遥操作、遥感知、人工智能、空间机器人、微机电（MEMS）和纳米技术等高新技术的发展，现代新体制航天器将打破传统航天器的分系统界限，采用更加扁平化的设计理念，强调功能密集、系统集成、结构轻巧、性能跨代，这不仅使得其功能越来越强大，自主性和灵活性越来越高，结构体积以及质量越来越小，而且促使其技术升级越来越频繁，相应的对接与捕获技术也有了新的发展趋势、应用前景和技术需求。

6.1　发展趋势

纵观航天器机构相关领域的国外发展经验和国内技术基础，可以看出对接与捕获机构技术的发展一直遵循系统总体方案牵引、关键技术突破、飞行演示验证、技术拓展应用的螺旋上升发展规律。无论是在早期载人航天器交会对接需求下诞生的杆锥式对接机构和异体同构周边式对接机构，还是美国轨道快车项目牵引的杆锥式对接与捕获机构和三爪式对接与捕获机构，对接与捕获机构的研制都离不开国家级重大项目的牵引和长期的经费支持。

当前国内外对接与捕获机构呈现两极化发展，即大型载人航天器对接与捕获机构和中小型无人自主对接与捕获机构。大型对接与捕获机构以面向载人领域的异体同构式对接机构为主，无人的大型机电气液一体化对接与捕获机构鲜有研制。由于载人航天器对接与捕获机构的高度复杂性和人因工程的要求，到目前为止只有美国、俄罗斯和中国掌握了该项技术，即使是整个欧空局倾力在研的 IBDM 仍未得到在轨验证。对于大型载人航天器对接与捕获机构，中国现役周边式异体同构对接机构已经过在轨数十次对接任务，技术成熟度及可靠性得到充分验证，测试试验基础设施齐备，但仍不能满足未来载人登月的轻量化要求。

欧洲和日本等航天大国始终聚焦于弯道超车的航天技术发展模式，把目光投向了中小型无人自主对接与捕获机构领域，日本 ETS-Ⅶ卡爪式对接与捕获机构就是典型代表。中国已经在轨验证的中小型对接与捕获机构仅有嫦娥五号卡爪式对接与捕获机构，随着中国空间站工程的全面铺开，一批中小型对接与捕获机构也将陆续得到在轨验证并服役。

如果第一极——大型载人航天器对接与捕获机构是美国、俄罗斯和中国的垄断场，那么第二极——中小型无人自主对接与捕获机构则是各航天大国角逐的竞技场。在这个竞技场中，基于不同机理的驱动器、介电高弹体、表面逻辑感知材料和柔顺触控控制方法，以及能够实现差异化智能感知和操控行为，可构造高灵敏度、自驱动、无差别抓捕与附着的新型柔性对接与捕获机构，对空间目标对接和抓捕、地外天体着陆与附着、航天器表面智能爬行机器人、空间攻防类航天器致盲等各类航天任务产生了颠覆性影响。

6.1.1　介电材料捕获

介电软材料是一种新兴的智能材料，它在外界的电激励下可以改变自身形状或体积，当外界电激励撤销后，它又能恢复到原始的形状或体积。该材料用于驱动器具有诸多优点：

1）可直接对外做功、无需传动机构、结构简单、体积小、质量小；

2）动作平滑、无相对摩擦运动部件、无热、无工作噪声；

3）高能量密度（3.4 J/g）、高能量转换效率（60%～90%）、高响应速度、高变形量（最大380%）、大位移；

4）疲劳寿命高，在小应变的情况下循环次数可超过10^7次；

5）环境适应性强，对温度和湿度不敏感，可在多种复杂环境下工作。

2012年2月，瑞士发射了空间碎片清除系列的首颗航天器——太空清理1号（Clean Space One），用于清除目前瑞士在轨的一颗立方星。太空清理1号是一颗纳卫星，初步设计基于3U立方体卫星平台，采用微推进系统，整星尺寸约30 cm×30 cm×33 cm，质量约30 kg，如图6-1所示。太空清理1号用来捕获太空垃圾的执行部件即是基于介电软材料的触手抓捕系统，由3或4个介电触手组成，展开前触手抓捕系统呈卷筒状储存，占用体积小，且系统质量很小，如图6-2所示。触手抓捕系统基本参数：质量<0.3 kg；外形为100 mm×100 mm×50 mm（收拢状态）；供电为一次12 V母线电源；角度变化0°～40°。

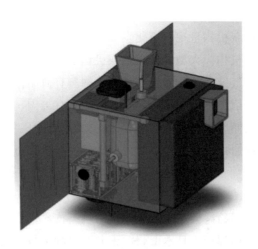

图6-1　太空清理1号

太空清理1号正是充分利用介电材料的优点，设计的可展开式触手抓捕系统结构简单、体积小、质量小、稳定性好。由于介电弹性材料具备智能可设计的特性，可通过改变电压来控制触手抓捕系统的形状，可自动适应非合作目标的结构形态、相对姿态，如图6-3所示，可准确完成目标的捕获且整个捕获过程智能可控。因此介电捕获触手是捕获小型空间非合作目标及清除小型碎片的理想装置。

然而介电材料也存在应用上的缺点，例如为获得大应变需要较高的电场电压，且该电

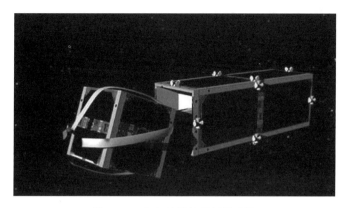

图 6-2　介电材料触手抓捕系统

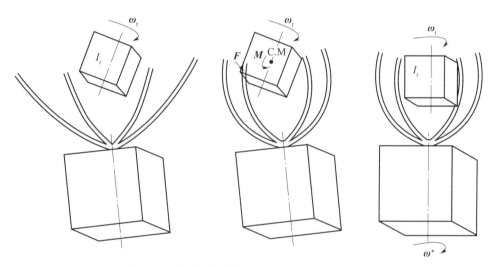

图 6-3　触手抓捕系统适应不同姿态捕获示意图

压接近电介质聚合物的击穿电压，使用不当或当电介质聚合物有缺陷时很容易把材料击穿破坏；其次材料的弹性模量较低，约为 1MPa，假设用太空清理 1 号触手抓捕系统抓捕大质量、高自旋角速度的卫星，很可能会出现介电材料自身强度或刚度不能满足任务要求的情况；并且对于体积较大的废弃航天器（例如高轨卫星一般约 4 m×4 m×7.8 m），需将整个航天器包络进抓捕系统内，工程可行性较差。

6.1.2　吸附捕获

2012 年，美国 NASA 喷气推进实验室依托凤凰计划开发了一种"壁虎-黏附器"式的黏合垫，该黏合垫基于纳米材料模仿壁虎脚趾黏附阵列，安装在一根可展开吊杆上，用于进行在轨捕获，如图 6-4 所示。其工作原理是模仿壁虎脚趾面的具体黏附机理，利用柔性微纳米阵列与固体表面之间的范德华力实现黏附。该黏附结构具有黏附力大、对任意形貌材料表面适应性好、对物体表面不会造成损伤、自洁并可反复使用等优点。目前，国内外在仿壁虎黏附阵列的研制方面开展了大量研究，并取得很大进展。这些微纳米黏附阵列能确保接触端和墙壁接触面积大，进而使范德华力达到最大。目前，仿壁虎微纳米黏附阵列还未在空间实际应用，其在空间超低温、冷热循环下的稳定性，以及空间辐照环境下的影响效应等多项关键技术尚待突破。

图 6-4　可展开吊杆及"壁虎-黏附器"

6.1.3　动能捕获

　　碎片移除（Remove Debris）项目由英国萨里航天中心联合空客防务公司等多家欧洲机构联合开展。鱼叉太空碎片捕获技术是太空碎片移除项目的第三项试验任务。此前该项目已于 2018 年成功完成世界首次飞网抓捕立方星技术的在轨验证，以及利用成像测距装置绘制立方星运动轨迹的运动跟踪试验的在轨验证。第三次动能捕获任务实施时，试验件为鱼叉和模拟太空碎片的铝制蜂窝靶板，靶板尺寸 100 mm×100 mm×8 mm，如图 6-5 所示，鱼叉前端安装有机械联动的卡板与倒刺。靶板与发射鱼叉的航天器通过柔性支杆连接，试验时模拟太空碎片的铝制蜂窝靶板外伸 1.5 m，鱼叉在高压气体作用下，以 20 m/s 的速度穿透靶板，在尾部挡板作用下静止，鱼叉前端倒刺打开，勾住靶板，鱼叉尾部系绳收缩，带动靶板、支杆与鱼叉收拢。

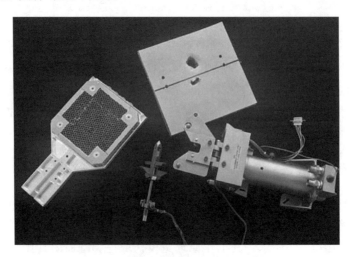

图 6-5　鱼叉和模拟太空碎片的靶板

　　鱼叉捕获属于典型的动能（穿刺）捕获，依靠大动能将鱼叉装置刺入目标航天器内部，捕获方式简单易行，成功率较高，不仅可用于移除太空碎片，维护轨道交通环境，也可用于捕获在轨运行航天器，具备空间攻防的应用潜力，但动能捕获受限于目标航天器的材质，捕获过程中有产生二次碎片的风险。

6.1.4　电磁捕获

电磁捕获技术是指两个航天器利用电磁力或电磁力矩作为控制力实现在轨相对距离和姿态的调整并捕获最终建立组合体的技术。电磁捕获技术可以极大简化传统对接系统的复杂性，由于捕获过程中不需要两航天器的姿轨控系统配合，一定程度上可减少推进剂消耗和羽流污染，增强对接过程姿态和速度的可控性，实现真正的低冲击对接和重复使用，有望在未来的微小航天器编队飞行、大型航天器在轨组装及在轨服务任务中实现广泛应用。

同步位置保持及再定位试验卫星（Synchronized Position Hold Engage and Reorient Experimental Satellite，SPHERES）项目中提出采用电磁装置辅助 2 颗微纳卫星实现在轨对接及锁紧，并研制了一套通用电磁捕获机构，基于国际空间站的舱内环境完成了避免障碍物碰撞等多种约束条件的自主对接与捕获试验，如图 6 - 6 所示。

(a) 国际空间站内演示环境　　　　　　　　(b) 2 颗 SPHERES 卫星在轨对接

图 6 - 6　SPHERES 在国际空间站内演示对接

NASA 的 Mini AERCam（Miniature Autonomous Extravehicular Robotic Camera，Mini AERCam）项目同样使用了电磁对接与捕获机构，用于对球形太空摄像机器人实施捕获和对接。Mini AERCam 电磁对接与捕获机构如图 6 - 7 所示，当球锁装置与球锁端口进入捕获范围后，电磁铁和磁芯相互吸引，球锁装置很容易在半球形校准导轨的导引下滑入球锁端口内，球锁棘爪与球锁机构建立配合，并由驱动电机最终施加锁紧力完成锁定。在 Mini AERCam 机器人需要被释放时，电磁铁磁极反向，同时配合电机反驱，实现主动端与被动端的分离。

欧洲帕多瓦大学提出了拉索式电磁对接（Tethered Electromagnetic Docking，TED）与捕获机构的概念，并设计了柔性电磁束缚对接（Flexible Electromagnetic Leash Docking，FELD）系统及其对接试验。对接过程主要分为发射拉索、软对接、回收拉索和硬对接 4 个阶段，如图 6 - 8 所示。

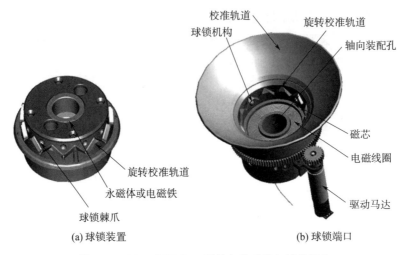

图 6 - 7　Mini AERCam 项目电磁对接与捕获机构

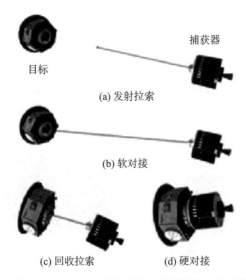

图 6 - 8　FELD 系统项目电磁对接的 4 个阶段

　　FELD 系统主要由探头发射系统和探头接收系统组成，如图 6 - 9 所示。这套系统的电磁捕获主要体现在探头接收系统捕获对接球上，其对接平台采用分层结构，嵌入电磁铁产生电磁力，用来捕获永磁铁制成的对接球。

　　将电磁对接技术应用于航天器远距离导引、捕获、校正、缓冲及锁紧全过程，目前还受制于关键技术的突破，但仅利用电磁技术实现对接过程中的捕获、校正或缓冲，是一种成熟的工程设计思路。例如 Mini AERCam 项目、在轨自动服务（On Orbit Autonomous Servicing Satellite，OASIS）项目、电磁引导自主对接与分离（Electromagnetically Guided Autonomous Docking and Separation，EGADS）项目及二次发射界面引发有效载荷项目（Secondary Launch Interface Parasitic Payload Project，SLIPP）等，均开展了基于电磁力导引实现地面一维或二维的对接试验验证，利用电磁对接与捕获机构成功实现了对目标的捕获、校正和辅助锁紧功能。

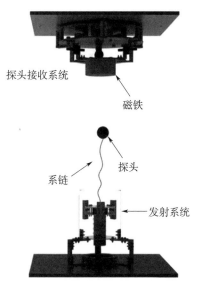

探头接收系统

磁铁

系链

探头

发射系统

图 6 - 9　FELD 系统机构模型

6.1.5　仿生捕获

仿生学是近年发展起来的工程技术与生物科学相交叉的学科。几万年来自然界生物体发展了灵巧的运动机构和机敏的运动模式，在结构、功能执行、信息处理、环境适应、自主学习等多方面具有高度的合理性、科学性和进步性。模仿复制和再造某些生物特性和功能，将极大地提高人类对自然的适应能力和改造能力，在对自然界生物的学习、模仿、复制和再造的过程中，发现和发展相关的理论和技术方法，使机械设计在功能和技术层次上不断提高。

仿生捕获最成熟的应用即为气体驱动的软体触手，通过控制不同气腔压强实现机构动作，国内外学者模仿象鼻、章鱼触手、海马尾部时提出了多种不同构型的气动软体捕获机构。图 6 - 10 为 Festo 公司研制的一种仿象鼻气动软体捕获机构，该气动软体捕获机构由三个模块组成，每个模块包含 3 个独立波纹状气腔，分别对不同气腔通气可实现气动软体捕获机构的柔顺运动，与其前端部的气动抓持机构相配合可以完成对不同物体的抓捕。

典型的气动软体捕获机构主要由位置传感器、力传感器、气动接口、充气管等组成，如图 6 - 11 所示，其中充气管经过处理后使得其一侧表面可以伸长而另一侧表面只能保持原有的长度。对充气管通入适量的气体可以使得气动连续体单元朝向某一侧弯曲。将三个同样的气动单元组合在一起，且充气后可以实现类似手爪的开合动作，用来完成对诸如网球之类的东西的抓取。

如果将气动软体捕获机构在长度方向上分成多段，每段代表一个气动驱动模块，根据气腔分布和驱动方式的不同，每个模块可以有两种布置方式，如图 6 - 12 所示。若采用布置方式 1，则两两气动肌肉为一组，呈 120°均匀布置；若采用布置方式 2，则 3 根气动人工肌肉直接呈 120°间隔布置。分别驱动不同模块的气动人工肌肉，可实现连续体机器人不

图 6 - 10　Festo 仿象鼻气动软体捕获机构

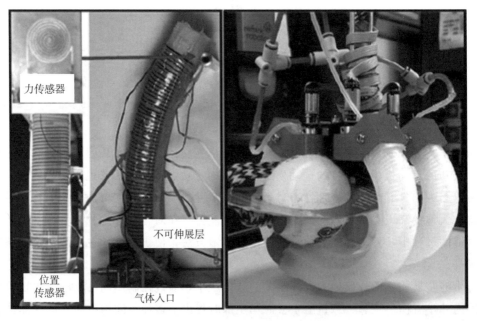

图 6 - 11　手爪型气动软体捕获机构

同弯曲动作。克里希南（Krishnan）等人研究了气动人工肌肉外面缠绕的纤维丝对气动人工肌肉伸缩或弯曲性能的影响。

　　除了采用橡胶基材料直接制备气腔，也可采用金属或其他材料装配形成气腔，如图 6 - 13 所示的分段模块型气动软体捕获机构，由 4 个模块组成，每个模块包含 3 个气动柔性驱动器。每个驱动器由非对称的橡胶管、镶嵌在橡胶管中的螺旋钢丝、左/右端盖及嵌在橡胶管中的薄钢片组成。螺旋钢丝保持橡胶管的径向尺寸不变，薄钢片可增加垂直弯曲平面的刚度。当驱动器内通入气体时，由于橡胶管两侧厚度不一，则橡胶管实现单向弯曲，对不同组合的驱动器通入气体时，可实现机器人不同的弯曲动作。

　　综上所述，气动软体捕获机构由于兼顾刚性捕获机构和柔性捕获机构的特点，使其更能适应未来非合作目标的在轨捕获操作，具有很好的应用前景。但气动软体捕获机构属于

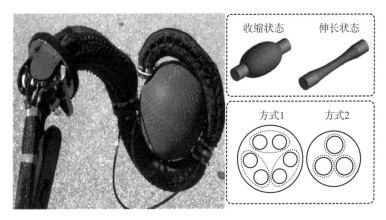

图 6-12　伸缩人工肌肉型气动软体捕获机构

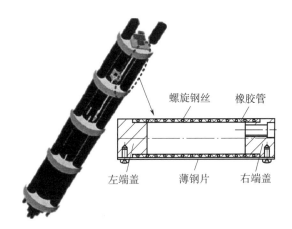

图 6-13　分段模块型气动软体捕获机构

刚柔混合系统,其在静力/动力学建模、精确和稳定控制、刚度保持、与目标之间的相互作用机理等方面的研究还需要进行更加深入的研究以支撑其未来的在轨应用。

6.2　应用前景

21 世纪,人类在空间领域的不断突破和飞速发展将导致对航天器对接与捕获技术的依赖越来越强,航天器对接与捕获机构的应用前景也将更趋多元化。

未来的航天器不仅能通过自主控制实现在轨可拆装、可维修、可升级;而且能够实现"以人为本"太空生活,在人造重力环境下实现太空旅馆、餐厅、电影院等。

6.2.1　在轨延寿

地球静止轨道 (Geostationary Earth Orbit, GEO) 是一条独特的轨道,也是一条拥挤的轨道,在该轨道上运行着大量高价值航天器,如通信、导航、预警、气象等民用和军用领域的航天器。而对于设计寿命 15 年的高价值航天器而言,制造商在材料、工艺以及冗余设计、可靠性设计等方面做了大量工作，大部分航天器的退役往往不是因为航天器本身故障，而是源于推进剂耗尽。而一些具有特定技术状态的在轨航天器可以通过实施推进剂加注和部件更换来延长航天器的服役寿命。尤其对于组网的军事航天器，例如导航卫星、数据中继卫星等，利用在轨加注或加挂推进舱可以有效降低星座更新频率，延长航天器在轨寿命。

2017年，NASA开始研制可为在轨运行航天器提供推进剂的新型Restore-L（Restore for LEO servicer）航天器，如图6-14所示。Restore-L航天器就像一个移动加油站，能够对在轨运行航天器进行推进剂加注。Restore-L航天器发射成功后将与陆地卫星-7地球观测航天器自主交会、对接，并用机械臂实现目标推进剂加注与目标重定位。Restore-L航天器能够为那些专门预留加注接口的航天器补给推进剂，以延长航天器寿命。NASA认为，在提供在轨推进剂补给的同时，Restore-L还有潜力实现在轨维修、航天器组装和轨道碎片清除。

图6-14　Restore-L航天器在轨加注

航天器延寿模式有两种：推进剂加注和加挂推进舱，对于有合作接口的航天器，可以进行推进剂加注；对于无合作接口的航天器可以采用MEV（Mission Extension Vehicle，MEV）航天器的方式，加挂推进舱。而无论采用何种延寿模式，都离不开航天器对接与捕获机构的支持。

2020年2月25日，诺格公司MEV-1航天器与Intelsat-901通信卫星完成对接，为其延寿5年，拉开了航天器延寿在轨验证序幕，2020年8月MEV-2的升空标志着在轨延寿服务进入常态化运营阶段。

以寿命15年的大型高轨通信卫星为例，包括航天器、火箭和保险在内的研制总费用约为4亿美元。按照美国诺格公司报价，一颗包括发射、卫星制造在内的总成本不高于1.2亿美元的MEV航天器可以为4颗造价4亿美元的航天器各提供5年的延寿服务，其经济效益是显著的。

处于静止轨道上的航天器每补给60 kg推进剂，即可延长12个月寿命。通过比较两种延寿手段关键技术成熟度可知，推进舱段附加式延寿技术发展较成熟。其可能的在轨加注服务系统可以分为两种（图 6 - 15）：一种为独立航天器对接接管型在轨延寿，整个延寿航天器直接与接受服务航天器对接并长期组合飞行，进行姿轨接管，即 MEV - 1 模式。另一种为推进扩展子模块对接接管型在轨延寿，在轨延寿航天器携带多个推进模块，将推进扩展模块附加于目标航天器并进行姿轨接管，完成安装检查任务后延寿航天器即与目标航天器分离，即 MRV 模式。两种方式对比，MEV - 1 形式技术更成熟，MRV 执行任务更灵活。

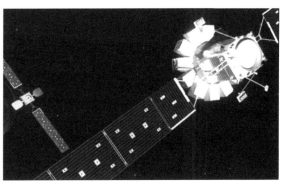

(a) 独立飞行器对接接管型在轨延寿　　　　　　　(b) 推进扩展模块对接接管型在轨延寿

图 6 - 15　推进舱段附加式延寿系统

据最近的一项统计，有延寿需求的地球静止轨道航天器到 2030 年将增至 75 颗，累计市场规模达到 32 亿美元，从另一个侧面证明在轨延寿在未来的巨大需求。

6.2.2　在轨手术

当前航天器都是基于特定的任务要求进行定制化设计，比如用于特定范围的观测、遥感、通信等。对于动辄十几亿或几十亿的高价值航天器，为了保证系统的可靠性，常采用冗余措施，一颗航天器的冗余设计一般要占到 30% 的比重，即使如此也不能完全避免航天器在轨故障。在轨手术的典型任务包括在轨加注、轨道修正、在轨手术等，通过在轨手术实现航天器故障处理、功能升级和功能扩展，如图 6 - 16 所示。航天器对接与捕获机构是执行在轨手术的前提和载体。

（1）航天器故障处理

航天器在轨不出现任何故障是空间系统设计和研制的最终目标，但由于技术及经济上的限制，特别是空间系统的特殊工作环境，在轨故障是不可避免的，具备对航天器在轨故障模块进行处理的能力，是确保空间系统正常工作的基本条件。因此，为了避免由于航天器个别器件与模块发生偶然性事故影响到航天器的正常运行，需要对故障航天器进行必要的在轨维修或在轨更换。从另一个角度讲，航天器故障处理也是降低冗余设计比重的有效手段。

（2）航天器功能升级

随着技术的快速发展，特别是信息技术的飞速进步，动辄 15 年以上寿命的航天器，

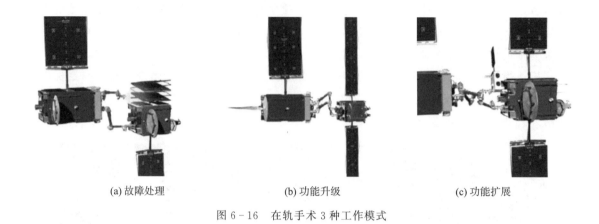

(a) 故障处理　　　　　　　　(b) 功能升级　　　　　　　　(c) 功能扩展

图 6-16　在轨手术 3 种工作模式

会使得数年前设计的电子类产品显得落伍。而通过对某些电子类设备或其他部组件进行更换或升级，即可实现整个系统能力的大幅提升。比如可为光学遥感卫星更换先进的光学设备以提高分辨率，为电子侦察卫星更换先进的电子侦察设备以增强侦察功能，更换高性能的计算机系统以增强数据处理功能等。

（3）航天器功能扩展

航天器功能扩展是指对预留标准化机械和电子接口的航天器采用加挂设备，从而使航天器的本体功能得到扩展，或是通过多个航天器组网达到超越单个航天器性能的功能提升。比如利用对接与捕获机构对干涉 SAR 遥感卫星的 SAR 天线进行延长，达到成倍提升成像分辨率的效果。

6.2.3　地外基建

为了拥有先进的天基系统和对深空探索的能力，以保持对太空的领导权和自由行动权，2017 年 3 月，美国推出了新一代太空探索计划——深空之门（Deep Space Gateway，DSG）计划（图 6-17），该计划是美国雄心勃勃的阿尔忒弥斯（Artemis）计划的重要组成部分。深空之门实际上是一个人造空间站，由居住舱、气压过渡舱、可开展太空研究的后勤舱以及大功率电推进系统组成，将在距地球约 38 万千米外，沿着接近直线的光晕轨道环绕月球飞行。

作为首个环月球轨道的空间站，深空之门可作为中转站，减小航天器前往深空的速度增量，降低载人深空任务的难度。未来将成为深度探索太阳系并将登陆舱和载人探索组合体送往月球甚至火星的基地，以及探索月球表面及宇宙深处的一个平台，还能够作为月球车的中继通信平台和前往其他轨道的枢纽。深空之门将于 2050 年左右竣工，该计划的相关研究都将为人类重回月球、探索深空奠定坚实的基础。

随着人类进军太空步伐的加快，超过国际空间站规模的大型空间平台会陆续出现，对此各航天大国规划了雄心勃勃的大型空间设施计划，如太空推进剂站（在太空为航天器建设加油站）、高轨服务站（在高轨道为高价值航天器打造太空建造与维修服务站）、太阳能

图 6-17　深空之门设想图

电站（太空太阳能发电厂）、月球基地等。

这些动辄重量几百吨、尺度几千米的大型空间基建，由于运载能力有限，需要将各功能模块分批次发射，在太空利用对接与捕获机构进行在轨对接和组装，届时大型、中型、小型、刚性、柔性等各类对接与捕获机构将成为地外基建的主力。通过对接与捕获机构将大型地外基建以小舱段的形式逐一发射后再实行在轨组装，一方面可以降低对运载工具的要求，提高发射的灵活性并降低成本，另一方面可以加强航天器的模块化、批量化设计和制造技术，降低各航天器发射过程中抗力学环境设计的难度，缩短研制周期。

6.2.4　轨道修正

2020 年美国发布了《在轨服务与空间态势感知市场报告》，报告中列举了在轨延寿、机器人操作、轨道修正、重新定轨、可控离轨服务是未来在轨服务与空间态势感知领域最有前景的领域。

轨道修正即是对各类未入轨、入轨轨道偏离、轨道面需调整或需辅助离轨的航天器提供轨道变更任务。轨道修正服务指航天器发射部署过程中由于火箭故障导致入轨不正确或航天器自身故障不能自行入轨所需要的服务。重新定轨服务是入轨轨道偏离、轨道面需要调整的航天器所需要的服务，如美国转移航天器能够提供太空拖车服务，内容包括轨道提升、轨道脱离、太阳同步轨道平面调整。离轨服务是非正常退役或寿命末期仍占据轨位而不能自身前往坟墓轨道或降轨坠毁的航天器所需要的服务。

开展轨道修正业务的前提是利用对接与捕获机构对被服务对象进行接管控制，可见发展对接与捕获技术不仅是发展航天技术必须解决的一项关键技术，也是为占领未来空间技术发展制高点的必然要求。

6.3　关键技术

航天器对接与捕获技术是指在有人或无人参与的情况下对空间目标实施抓捕的技术，该技术研究是航天高技术领域中一项极具前瞻性和挑战性的课题，其内容涉及航天器总体、动力学、机构学、控制等多个学科，同时要适应复杂空间环境的苛刻要求，满足高可靠工程要求，具有跨学科、跨领域的特点。

6.3.1　系统设计与优化技术

为满足多样化的在轨对接与捕获任务要求，对接与捕获机构一般由捕获模块、拖动模块、锁紧模块、气/液/电路连接模块、传感遥测模块等构成。其设计需要综合考虑各种因素，首要因素是基于功能的系统构型与布局设计，需面向全任务阶段各任务剖面，综合考虑方案可行性、指标满足性以及各种重量、空间、功耗等约束，在保障机构具备所要求的功能和性能前提下，对接与捕获各个阶段的可靠性要高，要面向轻量化、模块化开展设计，满足长寿命和重复使用等要求。另外如何保证系统的综合使用效率最高、性能最优也是一个难题，这些都需要通过系统的设计优化来解决。

6.3.2　自适应捕获技术

捕获技术历来是对接与捕获机构的关键技术之一，捕获过程难度主要体现在两个方面：一是克服初始偏差，包括姿态和位置偏差；二是消除相对速度，捕获过程需要在符合初始捕获包络条件下完成两航天器连接，并消除相对速度。消除速度偏差的主要方式是采用缓冲阻尼系统，而位置偏差则通过导向机构的校正完成补偿。随着对接与捕获机构小型化、自主化的发展，低冲击捕获（软捕获）、自适应捕获成为研究热点。

6.3.3　高可靠锁定技术

对于需要加注或维修等操作的对接与捕获任务，在完成捕获后就要对两航天器实施锁紧，确保建立刚性连接，对于载人领域对接与捕获机构还需要建立密封通道。锁紧就是要提供一个较大的预紧载荷，使航天器间具有较强的连接刚度，保证在轨道机动、微振动等情况下，两航天器仍能正常联合飞行，且进行工质传输等任务。由于所需的预紧载荷较大，并且要经受轨道机动飞行中的冲击载荷，还要保证在轨服务任务完成后能顺利解锁，这对锁定动力源小型化、多点锁定载荷一致性、长期在轨应力松弛影响等高可靠锁紧能力提出了更高要求。

6.3.4　气/液/电路连接、断开技术

气/液/电路连接、断开技术用于航天器在轨补给任务，实现两航天器之间电路、液路和气路的快速自动接通，提供两者之间的气/液体工质及电路、信息通道；在完成任务后，

能跟随两航天器在轨分离实现电路、液路和气路的自动分离。在具体设计时，主要是管路接通、断开两种工况下的可靠密封问题，为了补偿两航天器之间的对接偏差，需要考虑浮动连接与断开技术，提高对连接姿态的适应性。此外，与不同工作介质的相容性问题，是确保良好密封性的一个关键因素。

6.3.5　对接动力学建模与仿真技术

航天器的对接与捕获过程是一个复杂的动力学过程，涉及两航天器相互接触碰撞的动量能量交换，以及对接与捕获机构内部的缓冲、阻尼、变形等多个动力学作用过程，对于软捕获变刚度对接与捕获机构还涉及更复杂的非线性动力学问题。动力学建模与仿真工作的目的是对机构系统原理进行分析验证，并用于指导具体设计。动力学模型的建立需综合考虑对接过程中机构接触碰撞模型、接触碰撞力计算模型和缓冲阻尼系统多（柔）体精细非线性模型的建立与评估，还包括分时分段非线性模型的建立与模型切换等问题。

6.3.6　地面测试与验证技术

航天器对接与捕获机构是各类航天任务中多航天器间建立联系的执行系统，是任务成败的关键所在。如何验证对接与捕获机构的技术可行性、设计可靠性就是一个难题。地面测试与验证要真实模拟在轨工作状态，克服地面与在轨环境的差异，达到充分、全面、真实验证对接与捕获机构功能与性能的目的。而地面再现微重力、高真空、温度交变的耦合环境，难度极大，再加上对接与捕获机构验证时需考虑两航天器的空间姿态、质量、质心、惯量等参数，进一步提高了地面测试与验证的难度。

6.3.7　消旋控制技术

在执行非合作目标的对接捕获任务时，有一项前置任务是对非合作目标的失控姿态进行匹配，即测绘非合作目标的尺寸、惯量、旋转轴等，通过对接与捕获机构或其他执行机构对其进行消旋控制，确保最终可靠捕获。针对特定目标选择消旋方法要综合考虑目标几何形状、材料特性、运动特性、执行机构、任务时间及能量消耗等问题。

6.3.8　智能驱动技术

随着材料科学、纳米技术、生物工程等相关基础科学的进步，仿生对接与捕获技术得到推进发展。基于智能驱动技术开发的柔性对接与捕获机构属于仿生领域的一种，通过模仿自然界中生物的外部形状、运动原理和行为方式，开发出具有柔韧且较好强度的机械结构、多自由度机动灵活特性以及较强的抓握能力。智能驱动技术按照动机理分为：流体驱动，如液体驱动和气体驱动；智能材料驱动，如形状记忆合金（Shape Memory Alloy，SMA）驱动、电活性聚合物（EAP）驱动、磁流变材料（MRE）驱动；化学反应驱动和活体细胞驱动等。智能驱动技术是最有可能颠覆传统按"动力源＋执行机构"的组合模式，达到"动力源即是执行机构"的共体模式，在未来非合作目标对接与捕获技术领域有很大的潜在应用价值。

6.4　启示与展望

宇宙浩瀚，人类应以敬畏之姿视之、探之，用之。

从 14 世纪开始憧憬宇宙到 16 世纪形成日学说，再到 1961 年尤里·加加林首次进入太空，人类花费了五百多年时间。

自 1967 年首次在轨交会对接至今的五十多年，人类每次科学技术的进步都首先应用于空间的开发和宇宙的探索，而人类对空间开发和宇宙探索的需求又牵引了科学技术的发展。

如何规划航天器对接与捕获技术的发展将成为各国抢占先机、打造制天权的现实问题，我国在该领域尚处于起步阶段，载人航天三期工程与嫦娥三期工程的顺利实施为我国在有人与无人对接机构领域的发展奠定了坚实基础，在轨服务与载人登月任务的论证实施也为我国发展航天器对接与捕获技术提出了新要求。

1）注重基础科学与技术研究，加速智能材料技术、先进控制理论、遥操作与智能感知等基础科学与技术研究成果在航天器对接与捕获技术中的应用转化，以实现功能高度集成与性能跨越升级。

2）推行模块化设计理念，制定对接与捕获技术标准体系，加强多任务场景的体系化论证，实现对接与捕获机构产品系列化、通用化、货架化，以缩短研制周期、降低研制成本。

3）开启商业采购模式，制定对接与捕获技术标准体系及发展路线，打破行业垄断、驱动社会智力与资本投入，加速关键技术攻关，实现对接与捕获技术的跨越式发展，满足在轨服务、载人登月等多任务目标的需要。

参 考 文 献

［1］ 周建平. 空间交会对接技术［M］. 北京：国防工业出版社，2013.

［2］ 周建平. 载人航天交会对接技术［J］. 载人航天，2011，17（2）：1-8.

［3］ 杜昊，朱映远，刘宏. 大容差空间合作目标捕获对接装置设计的研究［J］. 机械设计与制造，2013（2）：12-15.

［4］ 张崇峰，陈宝东，郑云青，等. 航天器对接机构［M］. 北京：科学出版社，2016.

［5］ 翟光. 在轨捕获技术发展综述［J］. 机器人，2008，30（5）：468-469.

［6］ 王明明，罗建军，袁建平，等. 空间在轨装配技术综述［J］. 航空学报，2021，42（1）：523913.1-523913.15.

［7］ Kauderer. Space shuttle mission STS-129 press kit［EB/OL］.［2010-01-29］. http：//www.nasa.gov/pdf/398418 mainsts129presskit.pdf.

［8］ 崔乃刚，王平，郭继锋，等. 空间在轨服务技术发展综述［J］. 宇航学报. 2007，28（4）：805-811.

［9］ Jason L Forshawa，Guglielmo S Aglietti，Nimal Navarathinam，et al. Remove DEBRIS：An in-orbit active debris removal demonstration mission［J］. Acta Astronautica，2016，127：448-463.

［10］ Brophy J R，Gershman R，Landau D，et al. Asteroid Return Mission feasibility study［C］. Washington D. C：Proceedings of the 47th AIAA/ASME/SAE/ASEE Joint Propulsion Conference and Exhibition，2011.

［11］ 谭益松，任立敏，张海波. 空间站用大型末端执行器研究进展综述［J］. 中国机械工程，2014，25（13）：1838-1845.

［12］ 金宗耀，刘永健，谭春林. 美国小行星俘获任务及其启示［J］. 航天器工程，2013，22（5）：129-135.

［13］ 平雪良，杨子豪. "锥-杆"式对接机构接纳锥锥角设计方法研究［J］. 机械设计与制造，2019，97（2）：47-50.

［14］ Tchoryk Jr，Pete Hays，Anthony Pavlich，et al. Autonomous Satellite Docking System［C］. Albuquerque New Mexico ：AIAA Space 2001 Conference，2001.

［15］ 娄汉文，张柏楠，刘宇. 空间对接机构的技术发展［J］. 航天器工程，1994，3：1-22.

［16］ 王文龙，杨建中. 航天器对接与捕获技术综述［J］. 机械工程学报，2021，57（20）：215-231.

［17］ 张崇峰，柏合民. 飞船空间对接机构技术［J］. 中国科学：技术科学，2014（1）：20-26.

［18］ 刘志，崔宇新，张崇峰. 国际对接系统标准探究［J］. 载人航天，2014，20（2）：152-160.

［19］ 刘志，张崇峰. 空间对接机构技术综述［J］. 上海航天，2016，33（5）：1-11.

［20］ International Docking System Standard （IDSS），Interface Definition Document （IDD）（RevisongA）.［EB/OL］［2011-05-13］. http：//International Docking Standard.com/

［21］ International Docking System Standard （IDSS）Interface Definitions Document （IDD）Revision D

April 2016.

[22] International Docking System Standard. ISS Multilateral Control Board. Retrieved October 31, 2016.

[23] Lewis James L. International Low Impact Docking System (iLIDS) Project Technical Requirements Specification, Revision F [R]. NASA: JSC - 63686F, 2011.

[24] Tobie Labauve. Low Impact Docking System (LIDS) [R/OL]. [2012 - 12 - 11]. http://ntrs. nasa. gov/archive/nasa/casi. ntrs. nasa. gov/20090007783 _ 2009006897. pdf.

[25] Qineti Q Space nv. IBDM. International Berthing & Docking Mechanism [R/OL] [2011 - 03 - 07]. http://www. qinet. com/what/capabilities/space/Document/international - Berthing - Docking - Mechanism. pdf.

[26] K De Vriendt, H Dittmer, D Vrancken, P Urmston and O Gracia. Evolution of the IBDM Structural Latch Developmentinto a Generic Simplified Design [C]. NASA Kennedy Space Center : Proceedings of the 40th Aerospace Mechanisms Symposium, 2010.

[27] Hirsch D B. Standard Materials and Processes Requirements for Spacecraft: NASA - STD - 6016 [S]. NASA, 2009.

[28] Parma G F. Overview of the NASA Docking System (NDS) and the International Docking System Standard (IDSS) [R]. NASA : JSC - CN - 23665, 2011.

[29] DeVriendt K, Dittmer H, Vrancken D, et al. Evolution of the IBDM Structural Latch Development into a Generic Simplified Design [C]. NASA Kennedy Space Center : Proceedings of the 40th Aerospace Mechanisms Symposium, 2010.

[30] 翟光, 仇越, 梁斌, 等. 在轨捕获技术发展综述 [J]. 机器人, 2008, 30 (5): 467 - 480.

[31] 林来兴. 空间交会对接的发展历程 [J]. 国际太空, 2018, 10 (478): 40 - 42.

[32] Atsushi Murakami. Kibo (JEM) Exposed Facility Thermal Design and Operation result [C]. 40th International Conference on Environmental Systems, AIAA 2010 - 6245.

[33] 陈小前, 袁建平, 姚雯, 等. 航天器在轨服务技术 [M]. 北京: 中国宇航出版社, 2009.

[34] Donald M, Waitz. On - Orbit Servicing of Space Systems [M]. Malabar, Froride: Krieger Publishing Company, 1993.

[35] C. Kaiser, F. Sjöberg, J, - M. del Cura, B. Eilertsen: SMART - OLEV - An Orbital Life Extension Vehicle for Servicing Commercial Spacecrafts in GEO [C]. Hyderabad, India: 58th IAF Congress, 2007 (IAF - Paper IAC - 07 - D1. 1. 06).

[36] R Krenn, K Landzettel, C Kaiser, P Rank. Simulation of the Docking Phase for the Smart - OLEV Satellite Servicing Mission [C]. 9th International Symposium on Artificial Intelligence, Robotics and Automation in Space (iSAIRAS).

[37] 张禹. 卫星喷管对接装置及捕获策略研究 [D]. 哈尔滨: 哈尔滨工业大学, 2016.

[38] T Nilson, S Christiansen. Docking system for autonomous, un - manned docking operations [C]. New York: 2008 IEEE Aerospace Conference, 2008.

[39] 刘宏, 刘冬雨, 蒋再男. 空间机械臂技术综述及展望 [J]. 航空学报, 2021, 42 (1): 524164. 1 - 524164. 14.

[40] 于登云, 曲广吉, 曾辛, 等. 航天器对接接触过程撞击动力学分析 [J]. 空间科学学报, 1998,

18 (1)：62 – 68.

[41] Ian Searle. Space Station Common Berthing Mechanism，a Multi – Body Simulation Application [R]. Boeing Defense and Space Group（No. 94 N14640），1992：351 – 364.

[42] 陈金宝，成玫，聂宏，等. 空间站通用停靠机构设计及动力学分析 [J]. 振动测试与诊断，2015 (3)：417 – 422.

[43] Brophy J，Culick F，Friedman L. Asteroid retrieval feasibility study [M]. Tucson，Arizona：The university of Arizona Press，2012.

[44] 朱仁璋，王鸿芳，徐宇杰，等. 从 ETS – Ⅶ 到 HTV – 日本交会对接/停靠技术研究 [J]. 航天器工程，2011，20 (4)：6 – 31.

[45] Cohen F，Dalton P J. Space – Station nickel – hydrogen battery orbital replacement unit test [J]. Journal of Propulsion & Power，1996，12 (5)：886 – 892.

[46] Li W，Cheng D，Liu X，et al. On – orbit service（OOS）of spacecraft：A review of engineering developments [J]. Progress in Aerospace Sciences，2019，108：32 – 120.

[47] 陈烈民. 航天器结构与机构 [M]. 北京：中国科学技术出版社，2005.

[48] 于登云，杨建中，等. 航天器机构技术 [M]. 北京：中国科学技术出版社，2010.

[49] 柴洪友，高峰，等. 航天器结构与机构 [M]. 北京：北京理工大学出版社，2018.

[50] 黄真，赵永生，赵铁石. 高等空间机构学 [M]. 北京：高等教育出版社，2006.

[51] 马兴瑞，于登云，韩增尧，等. 星箭力学环境分析与试验技术研究进展 [J]. 宇航学报，2006，27 (3)：323 – 330.

[52] 曹喜滨，赵阳. 航天器对接机构缓冲系统特性研究 [J]. 哈尔滨工业大学学报，1997，29 (4)：21 – 25.

[53] 于登云，曲广吉. 航天器对接接触过程撞击动力学分析 [J]. 空间科学学报，1998，18 (1)：62 – 68.

[54] 高文硕，朱子宏，沈志强，等. 航天器冲击响应谱试验模拟方法概述 [J]. 环境适应性和可靠性，2017，35 (4)：60 – 64.

[55] 张华，肖余之. 空间对接机构缓冲试验台分离性能分析 [J]. 载人航天，2015，21 (1)：19 – 24.

[56] 陈金宝，聂宏，赵金才. 月球探测器软着陆缓冲机构关键技术研究进展 [J]. 宇航学报，2008，29 (3)：731 – 735.

[57] 朱汪，杨建中. 月球着陆器软着陆机构着陆稳定性仿真分析 [J]. 宇航学报，2009，30 (5)：1792 – 1796.

[58] 解增辉. 弱撞击空间对接机构及其主动柔顺控制的研究 [D]. 哈尔滨：哈尔滨工业大学，2017.

[59] 曹喜滨，赵阳，赵会光. 空间对接机构差动式缓冲阻尼系统运动学仿真 [J]. 航天控制，1998，16 (04)：57 – 63.

[60] 康健，管迪华，宋健. 差动式机电缓冲阻尼系统动力学研究 [J]. 清华大学学报（自然科学版），1999，39 (08)：69 – 72.

[61] 曲艳丽，张崇峰，赵明扬. 空间对接机构差动式缓冲系统运动特性分析 [J]. 空间科学学报，2002，22 (z2)：100 – 105.

[62] 杨芳，曲广吉，杨雷. 空间对接中差动式缓冲阻尼机构的建模研究 [J]. 中国空间科学技术，

1999（03）：3 – 10.

［63］ 孙泽阳，刘宝龙，吴新跃．电驱钢球锁紧机构的试验研究及优化设计［J］.导弹与航天运载技术，2017，353（3）：84 – 87.

［64］ 王宇兵．货运飞船货盘重复锁紧机构的设计与分析［D］.哈尔滨：哈尔滨工业大学，2013.

［65］ 杨宝宁．随机振动条件下设计载荷的确定方法［J］.航天器工程，2006，15（03）：33 – 37.

［66］ 任兴民．工程振动基础［M］.北京：机械工业出版社，2006.

［67］ R Deimel，O Brock. A novel type of compliant and underactuated robotic hand for dexterous grasping ［J］. The International Journal of Robotics Research. 2016，35（13）：161 – 185.

［68］ 邹元杰，韩增尧，刘绍奎，等．基于准静态载荷的航天器系统级正弦振动试验力限条件［J］.航天器环境工程，2013，30（1）：63 – 66.

［69］ 李德葆，陆秋海．实验模态分析及其应用［M］.北京：科学出版社，2001.

［70］ 李星占，岳晓斌，黄文，等．振动响应传递率及其工作模态分析方法综述［J］.振动与冲击，2019，38（18）：24 – 34.

［71］ 秦玉灵，韩增尧，邹元杰，等．基于正弦基础激励的航天器结构模型修正方法［J］.航天器工程，2013，22（06）：37 – 43.

［72］ 张华，肖余之．空间对接机构在轨连接分离动力学仿真研究［J］.系统仿真学报，2014，26（4）：953 – 958.

［73］ 航天器机构设计与验证通用要求：QJ 20712 — 2018［S］.

［74］ 运载器、上面级和航天器试验要求：GJB 1027A — 2005［S］.

［75］ 航天器环境试验术语：Q/W79B — 2008［S］.

［76］ 导弹武器系统、运载火箭和航天器环境工程大纲：QJ 3135 — 2001［S］.

［77］ 航天器地面大型试验要求：Q/W734A — 2007［S］.

［78］ 航天器环境试验术语：Q/W79B — 2008［S］.

［79］ 航天器结构设计与验证通用要求：QJ 20711 — 2018［S］.

［80］ 穆瑞忠，张建华，皮本楼．航天器的冲击谱模拟试验方法［J］.强度与环境，2008，35（5）：32 – 37.

［81］ 张大伟，田浩，赵阳，等．类杆锥式对接机构捕获动力学分析与参数设计［J］.宇航学报，2008，29（6）：1717 – 1721.

［82］ 孙朋，解志坚，高碧祥，等．一种在轨空间对接机构动力学分析［J］.机械工程与自动化，2019，2：30 – 32.

［83］ 从强．空间机构地面重力补偿设备跟踪研究［J］.航天器环境工程，2012，29（1）：92 – 100.

［84］ Jane Pavlich, Pete Tchoryk, Anthony Hays, Gregory Wassick. KC – 135 zero G testing of a micro satellite docking mechanism［C］. Michigan，Proceedings of SPIE，2003.

［85］ 高海波，牛福亮，刘振，等．悬吊式微低重力环境模拟技术研究现状与展望［J］.航空学报，2021，42（1）：523911 _ 1 – 523911 _ 13.

［86］ 姚燕生．三维重力补偿方法与空间浮游目标模拟实验装置研究［D］.合肥：中国科学技术大学，2006.

［87］ P Tchoryk, A Hays, J Pavlich. Modeling and Simulation of an Autonomous Satellite Docking

System［C］. Colorado Springs：AIAA 2001 Core Technologies for Space Systems Conference，2001.

［88］ 高峰、曹睿、齐臣坤，等. 空间对接碰撞地面半实物模拟原理［M］. 北京：科学出版社，2015.

［89］ 徐文福，梁斌，李成，等. 空间机器人微重力模拟实验系统研究综述［J］. 机器人，2009，31，
（1）：88－96.

［90］ 黄剑斌，黄龙飞，韩旭，等. 对卫星柔性对接补加一体化机构建模与设计［J］. 空间控制技术与应
用，2018，44（5），31－38.

［91］ 王添民. 柔性杆式对接机构的设计与仿真研究［D］. 哈尔滨：哈尔滨工业大学，2020.

［92］ 张壮. 空间对接半物理仿真平台研究［D］. 上海：上海交通大学，2014.

［93］ 金福伟. 对接机构综合试验台系统分析与实验研究［D］. 哈尔滨：哈尔滨工业大学，2006.

［94］ 徐峰，唐乾刚，王丽. 对接机构六自由度试验台半物理仿真试验原理［J］. 载人航天，2007，01：
24－28.

［95］ 张晓天，何宁泊，王睿青，等. 一种模块化微小型卫星对接机构建模仿真［J］. 宇航学报，2017，
39（4）：368－375.

［96］ 庄原，孔宁，任杰，等. 在轨可更换模块对接接口技术综述［J］. 中国机械工程，2020，31（16）：
1917－1930.

［97］ 梁斌，杜晓东，李成，等. 空间机器人非合作航天器在轨服务研究进展［J］. 机器人，2012，34
（2）：242－256.

［98］ 李新刚，裴胜伟. 国外航天器在轨捕获技术综述［J］. 航天器工程，2013，22（1）：113－119.

［99］ 张崇峰，柏合民. 飞船空间对接机构技术［J］. 中国科学：技术科学，2014，44（1）：22－26.

［100］ 陈宝东，唐平. 空间对接机构技术及其研制［J］. 上海航天，2005，22（5）：6－8.

［101］ 陈宝东，郑云青，邵济明，等. 对接机构分系统研制［J］. 上海航天，2011，28（6）：1－6.

［102］ 夏艳. 基于差动机构的欠驱动自适应式空间捕获装置［D］. 哈尔滨：哈尔滨工业大学，2014.

［103］ Junwoo Choi，Jinwon Jung，Dongkyu Lee，Byungkyu Kim. Articulated linkage arms based reliable
capture device for janitor satellites［J］. Acta Astronautica. 2019，163：91－99.

［104］ Rodgers L P. Concepts and technology development forthe autonomous assembly and reconfiguration
of modular space systems［D］. Massachusetts Institute of Technology，2006.

［105］ Adam L G，Lynda R E，James A E，et al. Space Shuttle Orbiter Structures & Mechanisms［C］.
California：AIAA SPACE 2011 Conference & Exposition，2011.

［106］ Hirzinger G，Landzettel K，Brunner B，et al. DLR's robotics technologies for on－orbit servicing
［J］. Advanced Robotics，2004，18：139－174.

［107］ Angel Flores，Abad，Ou Ma，Khanh Pham，et al. A review of space robotics technologies for
on－orbit servicing［J］. Progress in Aerospace Sciences，2014，68：1－26.

［108］ 朱黎辉. 电活性介电弹性体膜型材料电致应变特性的研究［D］. 长春：吉林大学，2011.

［109］ Cleaning up Earth's orbit _ A Swiss satellite tackles space debris http：actu. epfl. ch/news/cleaning－
up－earth－s－orbit－a－swiss－satellite－tack－2/CleanSpace One Gripper Report［R］. Swiss：
Swiss Space Center EPFL，2013.

［110］ 赵启龙，康志宇，韩亮亮. 静止轨道碎片清除航天器概念研究［J］. 国际太空，2014，（1）：48－53.

［111］ Baroutaji A，Sajjia M，Olabi A－G. On the crashworthiness performance of thin－walledenergy absorbers：Recent advances and future developments ［J］. Thin‐Walled Structures，2017，118：137‐163.

［112］杜昊 . 空间合作目标捕获对接装置优化设计的研究 ［D］. 哈尔滨：哈尔滨工业大学，2012.

［113］范佐 . 非合作目标对接机构的研究 ［D］. 哈尔滨：哈尔滨工业大学，2007.

［114］Rodgers L，Hoff N R，Jordan E，et al. A universal interface for modular spacecraft ［C］. Washington D. C. ：Proceedings of the 19th Annual AIAA/USU Conference on Small Satellites，2005.

［115］Lennon Rodgers，David W Miller. Concepts and technology development for the autonomous assembly and reconfiguration of modular space systems ［D］. Boston，Massachusetts：Massachusettes Institute of Technology，2005.

［116］Wokes D，Smail S，Palmer P，et al. Pose estimation for in‐orbit self‐assembly of the intelligent self‐powered modules ［C］. Washington D. C. ：Proceedings of AIAA Guidance，Navigation，and Control Conference，2009.

［117］Nathan Howard，Hal D Nguyen. Magnetic capture docking system：US States Patent，US 7，815，149 B1 ［P］. 2010‐10‐19.

［118］Justin McFatter，Karl Keiser，Timothy Rupp. NASA Docking System Block 1：NASA's New Direct Electric Docking System Supporting ISS and Future Human Space Exploration ［C］. NASA Glenn Research Center：the 44th Aerospace Mechanisms Symposium，2018.

［119］王波，庄原，刘芃，等 . 航天器电磁对接技术发展综述 ［J］. 航天器工程，2018，27（6）：92‐101.

［120］Kong E M C，Otero A S，Nolet S，et al. SPHERES as a formation flight algorithm development and validation testbed：current progress and beyond ［C］. Paris：Proceedings of the 2nd International Symposium on Formation Flying Missions and Technologies，2004.

［121］Petrillo D，Cavinato A，Gaino M，et al. FELDs experiment from design to microgravity testing ［C］. Paris：Proceedings of the 66th IAC. IAF，2015.

［122］Lorenzo Olivieri，Riccardo Mantellato，Francesco Branz，et al. CubeSat mission concept for TED demonstration ［C］. Tartu：Proceedings of 2014 Tartu Conference on Space Science and Technology. Tartu Observatory Space Research Center，2014.

［123］A Boesso，A Francesconi. ARCADE small‐scale docking mechanism for micro‐satellites ［J］. Acta Astronautica，2013，86：77‐87.

［124］Marco Barbetta，Alessandro Boesso，Adam BenShabatz，et al. Autonomous rendezvous，control and docking experiment‐Reflight 2 ［C］. Washington D. C. ：Proceedings of The 4S Symposium，2014.

［125］Petrillo D，Cavinato A，Gaino M，et al. Field experiment：a new flexible docking concept ［C］. Padua，Italy：Proceedings of the 1st Symposium on Space Educational Activities. SSEA，2015.

［126］W McMahan，V Chitrakaran，M Csencsits，et al. Field trials and testing of the OctArm continuum manipulator ［C］. Orlando，Florida：International Conference on Robotics and Automation，2006.

［127］G Singh，G Krishnan. An isoperimetric formulation to predict deformation behavior of pneumatic fiber reinforced elastomeric actuators ［C］. Hamburg，Germany：International Conference on Intelligent Robots and Systems （IROS），2015.

［128］ G Krishnan，J B Moser，C Kim，et al. Kinematics of a generalized class of pneumatic artificial muscles ［J］. Journal of Mechanisms and Robotics. 2015，7（4）：041014（1-9）.

［129］ 邵铁锋. 气动柔性象鼻型连续机器人研究 ［D］. 杭州：浙江工业大学，2014.

［130］ H Jiang，X H Liu，X T Chen. Design and Simulation Analysis of a Soft Manipulator based on Honeycomb Pneumatic Networks ［C］. Qingdao，China：International Conference on Robotics and Biomimetics，2016.

［131］ Junwoo Choi，Jinwon Jung，Dongkyu Lee，Byungkyu Kim. Articulated linkage arms based reliable capture device for janitor satellites ［J］. Acta Astronautica. 2019，163：91-99.

［132］ 路勇，刘晓光，周宇，等. 空间翻滚非合作目标消旋技术发展综述 ［J］. 航空学报，2017，38：021302（1-14）.

［133］ 张秀丽，郑浩峻，陈恳，段广洪. 机器人仿生学研究综述 ［J］. 机器人，2002，02：188-192.

［134］ 张忠强，邹娇，丁建宁，等. 软体机器人驱动研究现状 ［J］. 机器人，2018，40（5）：648-659.

［135］ David Barnhart，Lisa Hill，Erin Foeler，et al. A market for satellite cellularization：a first look at the implementation and potential impact of Satlets ［C］. Washington D.C.：Proceedings of AIAA Space 2013 Conference and Exposition，2013.

［136］ ESA. What is the Deep space Gateway? 2019.09.01.

［137］ Mike Wail. NASA's Grand Plan for Lunar Gateway is to Start Small. 2019.05.24.

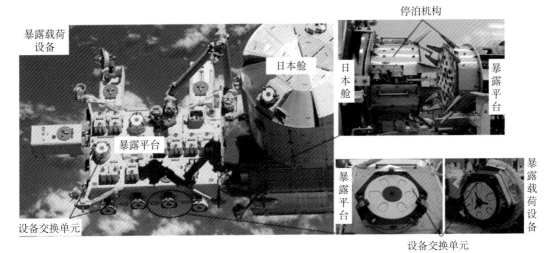

图 1-29 国际空间站日本试验舱暴露平台（P20）

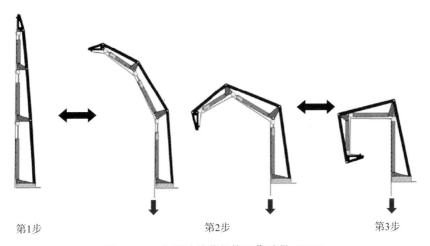

第1步 第2步 第3步

图 1-45 欠驱动捕获机构工作过程（P31）

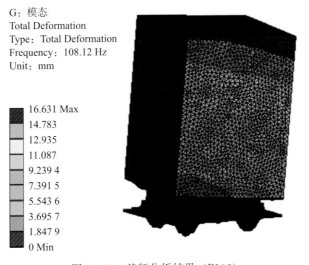

图 3-30 基频分析结果（P106）

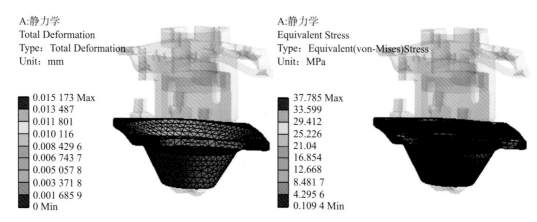

图 3-32 被动端应力和变形示意图（P107）

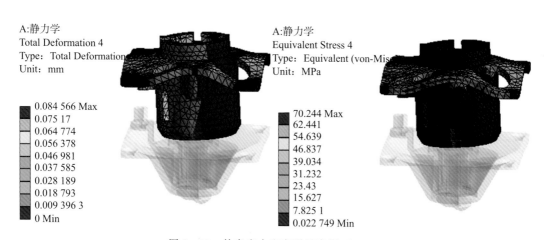

图 3-33 外壳应力和变形示意图（P108）

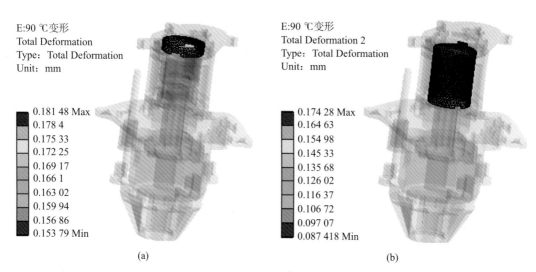

(a)   (b)

图 3-34 部分零件 90 ℃热力学变形结果（P109）

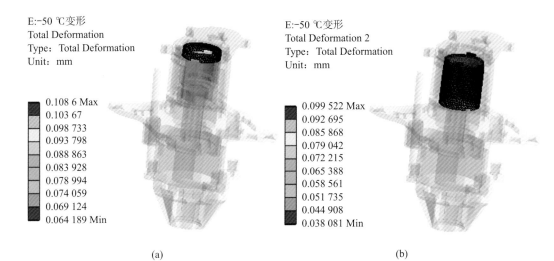

E:-50 ℃变形
Total Deformation
Type：Total Deformation
Unit：mm

0.108 6 Max
0.103 67
0.098 733
0.093 798
0.088 863
0.083 928
0.078 994
0.074 059
0.069 124
0.064 189 Min

E:-50 ℃变形
Total Deformation 2
Type：Total Deformation
Unit：mm

0.099 522 Max
0.092 695
0.085 868
0.079 042
0.072 215
0.065 388
0.058 561
0.051 735
0.044 908
0.038 081 Min

(a)   (b)

图 3 - 35　部分零件－50 ℃热力学变形结果（P109）

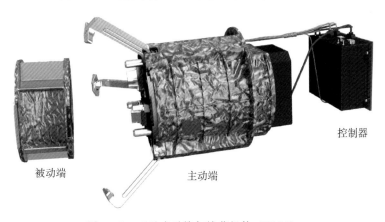

控制器

被动端　　　　　　　　　主动端

图 4 - 6　三爪式对接与捕获机构（P124）

图 4 - 9　三爪式对接与捕获机构在真空罐内开展寿命试验（P129）

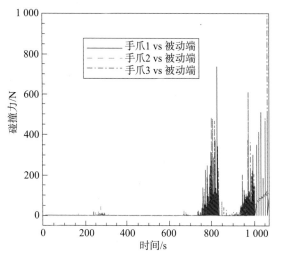

图 5 - 11　手爪与被动端碰撞力曲线（P152）

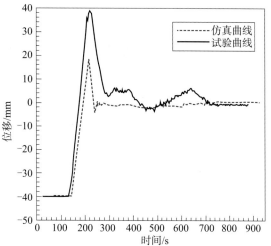

图 5 - 17　主动端与被动端对接过程中
相对位移曲线（P156）

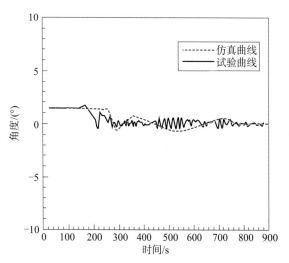

图 5 - 18　主动端与被动端对接过程中
相对姿态角曲线（P156）

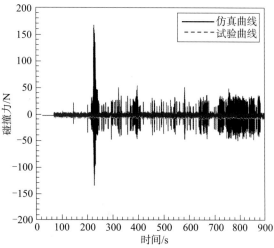

图 5 - 19　主动端与被动端对接过程中
碰撞对接力曲线（P157）